U0052236

47道低脂食譜大公開

好吃不發胖
低卡甜點

茨木くみ子
IBARAKI KUMIKO

無添加奶油＆油的
七大好處

好處 1 讓蛋糕變成低脂肪・低熱量

有製作蛋糕或餅乾等甜點經驗的人，即使只有一次，大概也會被所使用的奶油用量嚇到吧！甜點吃下肚後，我們卻分辨不出究竟添加了哪些材料。就以磅蛋糕為例，它是由麵粉、奶油、砂糖及蛋各一磅製作而成，因為使用了大量奶油，才能烘烤出具濃厚香味的蛋糕。

驚人的是，奶油中的脂肪熱量約等於同分量碳水化合物所提供的能量的兩倍，再加上身體會優先選擇燃燒來自穀物的能量，使得脂肪更容易堆積在體內，發胖也就成了理所當然的事。因此，若能剔除材料中的奶油及油，就能讓蛋糕內的脂肪更少，熱量更低。

好處 有效的健康管理&預防生活習慣病

若只是身體發胖還沒關係，但萬一攝取過多脂肪，而導致體內的膽固醇及中性脂肪增高，就有可能引發高脂血症或動脈硬化，提高罹患大腸癌及乳癌的機率。另外，奶油的原料是牛奶，而生產牛奶的牛隻可能會有飼料及藥物的問題，因為牛隻在飼育階段中所施打的荷爾蒙及抗生素等各種藥品，會集中囤積於乳脂肪、肥肉及內臟處。鮮奶油及起士等高脂乳製品也有相同的問題。

普遍使用於油炸糕點上的油類也有相同的情況，除了高脂與高熱量的問題之外，提煉法也問題多多。從前油類是以「壓縮法」所搾取而成，現在多半改以藥物萃取，會使有害物質一併溶於油內，對人體造成負擔。這也是我選擇不用油的另一個原因。

好處3 可加速新陳代謝，塑造不易發胖的體質

一提到和菓子、蛋糕及零食或宵夜，總會讓人聯想到發胖。事實上只要完全不添加奶油及油，並且嚴選使用素材，即使吃進肚子也能快速燃燒，不用多久肚子就又餓了，身體變得輕鬆無負擔，且不易發胖。

肚子餓了就吃，此為塑造不易發胖體質的重點。與其一天吃三餐，不如改成五餐，少量多餐。不但不易發胖，又能促進代謝，間接形成不易囤積廢物的身體。相反地，若長期食用低脂食物或以禁食的方式減肥，反而會降低人體基礎代謝，形成易胖體質。因此，讓身體保持在正常進食，卻能不斷燃燒脂肪，並轉換成能量的狀態，是不變的減肥法則。

好處4 留下甜味，以滿足口腹之欲

我製作的甜點雖然不添加奶油及油，但卻保留糖的正常用量。許多人認為砂糖吃多了會變胖，其實大可安心，因為砂糖在體內是很容易燃燒的。進入體內的糖很快就會轉換為葡萄糖，變為能量燃燒。相較於其他營養素，砂糖可說是最優質的食品。

另外，像砂糖容易導致糖尿病、骨質疏鬆及易怒兒的有害理論，現在也已經遭到否定。一九九七年時世界衛生組織（WHO）發表以下關於砂糖的安全宣言：「砂糖的攝取與兒童精力過剩及糖尿病並無直接關連。『砂糖有害論』欠缺科學根據，砂糖是可安心食用的食品。」

不但如此，砂糖還是身體及腦部能量來源的重要營養素，具有促進腦內血清素分泌及穩定神經的作用。所以，請安心讓孩子們享用吧！

好處 5 步驟簡單易上手，好作不失敗

光是不添加奶油及油這一點，就可省下不少步驟。以烘烤類的點心為例，一般需先將奶油置於室溫下，並攪拌至柔軟後再與砂糖混合。但因為本書製作的甜點不需添加奶油及油，所以可省略以上程序，直接從打蛋及加入砂糖開始。

派類及塔類等甜點的麵糊也因為沒有添加奶油，所以在夏天時也能輕鬆處理，大大降低失敗機率。

好處 6 價格低廉，經濟實惠

相較於麵粉、砂糖及蛋，奶油、鮮奶油與起士等乳製品的價格較高，若能省略不用，就可以將省下的預算，選購可以安心食用的高品質食材。關於食材選擇，請參閱P.76。

好處 7 不用清潔劑也能簡單、快速清理

因為無添加任何油脂，讓清理工作變得更加簡單。食物調理機與打蛋器等較不易清洗的器具，以熱水沖洗就可以洗得乾乾淨淨。也由於沒有使用清潔劑，因此對環境不會造成負擔，是值得鼓勵的一點。

contents

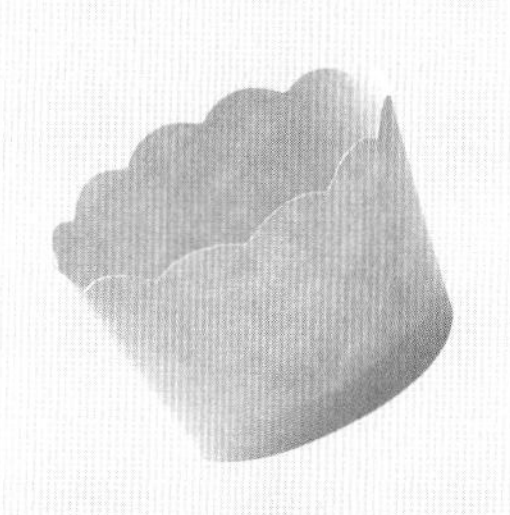

夢幻甜點

沁涼甜點

本書注意事項：

■使用量杯大小為200ml，大量匙為15ml，小量匙為5ml。

■本書皆以高速瓦斯烤箱製作。若使用電子烤箱時，則需依烘焙情況，延長烘烤時間。

■請使用500W的微波爐。

■請選擇大小適中的雞蛋。

■請使用日產麵粉及檸檬。

non butter | non oil

解饞零嘴

若是製作輕鬆、美味、又不會變胖的甜點，就可安心給發育中的孩子作為零食或作為放鬆心情的午茶時間享用。

材料（直徑5cm的瑪芬模10個份）

蘋果（紅玉或Jonagold）	中型1顆（淨重150g）
砂糖	1大匙
鹽	少許
低筋麵粉	130g
泡打粉	1/2小匙
蛋	2顆
砂糖	70g
牛奶	50mℓ
香草精	少許

不加奶油，一樣濕潤柔軟！

蘋果瑪芬

即使沒有添加任何奶油，
還是可以作出美味可口的瑪芬。
祕訣在於多放一點牛奶取代奶油，
並將蛋充分打發呈現出鬆軟感。
蘋果可用糖漬栗子、葡萄乾與杏桃乾
等乾果或罐裝水果替換，變換不同口味。

作法

1. 蘋果去皮縱切成八等份後，切成一口大小的薄片並浸泡鹽水。瀝水後放入耐熱容器，撒上一大匙砂糖，不包覆保鮮膜直接放入微波爐加熱5分鐘。取出後以網篩瀝乾水分。
2. 低筋麵粉與泡打粉混合後過篩。
3. 將砂糖與蛋放入碗內，以電動攪拌器打發。
4. 打至濕性發泡後，加入牛奶及蘋果，再以橡膠刮刀輕輕翻攪。
5. 加入過篩的粉類及香草精，由外往內翻攪，不需過分攪動。
6. 在瑪芬烤模內鋪上烘焙紙模，均勻地倒入麵糊後，放進溫度調至180℃的烤箱烘烤15分鐘。插入竹籤，若無麵糊黏附，表示已烤製完成。降溫至50℃、60℃後脫模，並置於網架上冷卻。

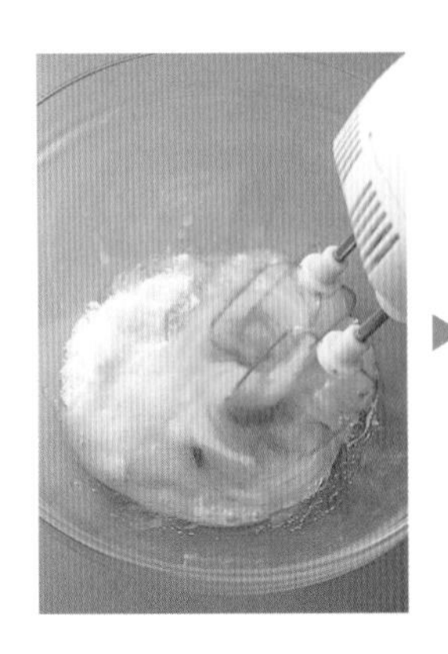

1人份1個　類似產品 158 kcal ➡ 低卡食譜 111 kcal

零巧克力，低脂肪！

巧克力香蕉瑪芬

使用低熱量的可可代替高熱量的巧克力，
在甜度及風味上都不亞於真正的巧克力瑪芬。
選用熟透的香蕉，
烤出香氣濃郁的巧克力瑪芬。
剩餘香蕉可先放入冰箱中冷凍，
自然解凍後即可派上用場。

材料（直徑5cm的瑪芬模八個份）

香蕉	2根（淨重150g）
低筋麵粉	100g
可可粉	30g
泡打粉	1/2小匙
蛋	2顆
砂糖	70g
牛奶	50mℓ
香草精	少許
蘭姆酒	1大匙

作法

1. 打蛋器攪碎香蕉至泥狀備用。低筋麵粉、可可粉及泡打粉混合後過篩。
2. 將砂糖與蛋放入碗內，以電動攪拌器打發。
3. 打至濕性發泡後，加入香蕉及牛奶，再以橡膠刮刀輕輕翻攪。
4. 加入過篩的粉類、香草精及蘭姆酒，由外往內翻攪。
5. 鋪上烘焙紙模，均勻地倒入麵糊，放進溫度調至180℃的烤箱烘烤15分鐘後脫模，並依喜好撒上糖粉。

1人份1個　類似產品 197 kcal ➡ 低卡食譜 132 kcal

蔬菜滿滿，營養均衡！

南瓜蛋糕

此為瑪芬的創意作法。
加入南瓜，營養十分均衡，
適合作為正餐食用，
或補充蔬菜攝取時食用。

材料（3×8×高3.5cm的方模6個份）

- 南瓜——140g（淨重）
- 牛奶——50mℓ
- 低筋麵粉——130g
- 肉桂粉——1/3小匙
- 泡打粉——1/2小匙
- 蛋——2顆
- 砂糖——90g
- 香草精——少許
- 蘭姆酒——1大匙
- 南瓜籽——12粒

作法

1. 南瓜洗淨後去皮，切成2至3cm的丁塊，煮軟瀝水後，趁熱以打蛋器攪碎，倒入牛奶並充分攪拌均勻。
2. 低筋麵粉、肉桂粉及泡打粉混合後過篩。
3. 將砂糖與蛋放入碗內，以電動攪拌器打發。
4. 打至濕性發泡，加入南瓜攪拌。
5. 倒入過篩的粉類、香草精及蘭姆酒，以橡膠刮刀由外往內翻攪。
6. 鋪上烤模，均勻地倒入麵糊，分別裝飾兩粒南瓜籽後，放進溫度調至180℃的烤箱烘烤15分鐘。

1人份1個　類似產品 260 kcal ➡ 低卡食譜 180 kcal

芝麻的神奇力量

鬆脆司康

拜芝麻及片栗粉之賜，就算不放奶油，
吃起來還是鬆鬆脆脆的，
常出現在我家的下午茶或早餐中唷！
這是我再次以無油脂作法挑戰非奶油不可的甜點，
還一併製作了奶油風味抹醬。

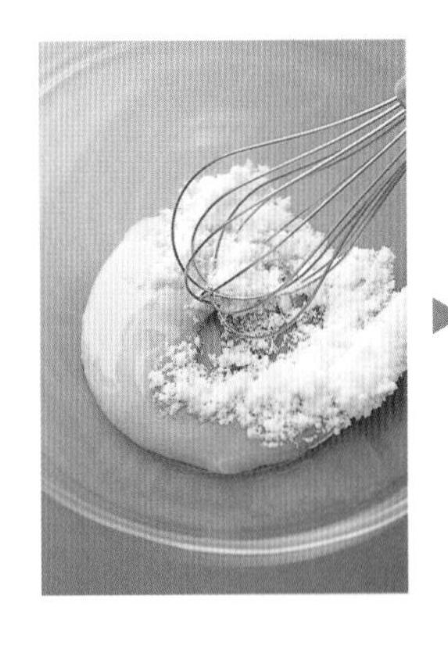

材料（直徑5cm的圓模5個份）

材料	份量
低筋麵粉	140g
片栗粉	20g
泡打粉	多於1大匙
鹽	2/5小匙
蛋黃	1顆份
砂糖	40g
煉乳	1大匙
牛奶	40mℓ
磨碎芝麻	10g
牛奶（刷亮用）	適量

作法

1 低筋麵粉、片栗粉、泡打粉及鹽混合後過篩。

2 將蛋黃、砂糖及煉乳倒入碗內，以打蛋器充分攪拌。

3 慢慢倒入牛奶混合，再加入過篩的粉類及磨碎芝麻攪拌，並以刮片攪拌混合。

4 攪拌均勻後倒出碗外，以按壓方式製作出1.5cm厚的麵糰，邊緣不整齊也無所謂。

5 以直徑5cm的烤模或杯子壓出五個小麵糰，並排放於鋪好烤盤紙的烤盤上。以刷子在表面刷上牛奶後，放進溫度調至180℃的烤箱烘烤15分鐘。

1人份1個　類似產品 271 kcal ➡ 低卡食譜 189 kcal

享用吐司或鬆餅時的好搭檔！

奶油風味抹醬

還是想要添加奶油風味而開發的抹醬。
熱量只有一般奶油的七分之一，
置於冷藏室可保存三至四天，
置於保鮮室則可保存約一週，也可冷凍保存。

材料（每份完成品約140g）

蛋黃	1顆份
低筋麵粉	5g
牛奶	90mℓ
鹽	1小撮
吉粒Ｔ粉	1g
水	1小匙
原味優格	1大匙

作法

1. 以一定水量浸泡吉利Ｔ粉，使其膨脹。
2. 將蛋黃及低筋麵粉放入碗內，一邊攪拌一邊慢慢倒入牛奶至鍋內混合。
3. 加鹽，並以中火煮至沸騰後熄火，倒入吉利T粉溶解後，加入優格攪拌。接著移至另一個容器，覆蓋保鮮膜等待冷卻。

可安心食用的自製餅皮

彩繪鬆餅

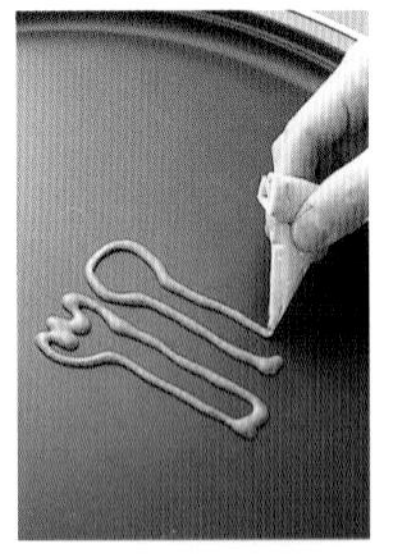

▼

家中假日早餐的基本菜色，
大家搶著在餅上塗鴉，多麼有趣啊！
不添加奶油，也減少蛋及牛奶的用量，
吃起來更加輕盈、無負擔！

材料（直徑16cm的烤盤6個份）

材料	份量
低筋麵粉	150g
泡打粉	2小匙
蛋	1顆
砂糖	25g
牛奶	1/2杯
水	60mℓ
香草精	少許
可可粉	少於1小匙

作法

1. 低筋麵粉與泡打粉混合後過篩。
2. 將蛋及砂糖倒入碗內，以打蛋器攪打至泛白後，倒入牛奶及水，攪拌均勻。
3. 倒入過篩的粉類，由外往內翻攪後加入香草精。
4. 將三大匙麵糊移至小碗內，加入可可粉攪拌後，裝入擠花袋內（參閱P.75）。
5. 在已預熱的烤盤上以擠花袋塗鴉後，淋上麵糊，煎至表面出現洞孔後翻面，直到呈現漂亮的焦黃色為止。可依喜好塗上楓糖漿或奶油風味抹醬食用（參閱P.13）。

1人份1個　類似產品 **212 kcal** ➡ 低卡食譜 **134 kcal**

低卡、低膽固醇的
卡士達醬

卡士達草莓可麗餅

降低卡士達醬的一半蛋黃用量，
實現低卡且低膽固醇的健康目標。
搭配上濕潤軟Q的可麗餅，
形成絕妙組合！

材料（8個份）

小粒草莓——16粒

可麗餅皮

- 低筋麵粉——120g
- 蛋——1顆
- 砂糖——20g
- 牛奶——1杯
- 香草精——少許

卡士達醬

- 蛋黃——1顆份
- 砂糖——50g
- 低筋麵粉——2大匙
- 牛奶——1杯
- 香草精、蘭姆酒——各少許

作法

1. 草莓切成薄片備用。另先過篩低筋麵粉。
2. 製作可麗餅皮。將蛋及砂糖放入碗內，以打蛋器充分攪拌均勻。撒入低筋麵粉，一邊倒入牛奶一邊攪拌均勻後，加入香草精，冷藏約30分鐘待其稍微發酵。
3. 製作卡士達醬。將蛋黃、砂糖及低筋麵粉倒入碗內，先加入少量牛奶混合並攪拌均勻後，再倒入剩餘牛奶，一邊刮磨一邊倒入鍋內，至沸騰後熄火，加入香草精及蘭姆酒攪拌並移至其他容器中，覆蓋保鮮膜等待冷卻。
4. 在已預熱的鐵氟龍平底鍋內倒入一湯匙的麵糊，以湯匙抹成直徑約20cm大的薄麵糊，煎脆表面後翻至背面，反覆煎烤。
5. 卡士達醬裝入擠花袋，在可麗餅的中間及兩側擠上醬料、鋪上草莓後，將餅皮往中間摺疊。

▼

1人份1個　類似產品 213 kcal ➡ 低卡食譜 153 kcal

真的可以不用油炸嗎？

非油炸健康甜甜圈

女兒最愛吃的甜甜圈，如何能讓它更健康呢？
經過反覆試作，得到的答案是不如捨棄油炸，
只需在四周撒上上新粉後放進烤箱烘烤，
就可以維持甜甜圈原有的酥脆口感啦！
建議使用日產麵粉。

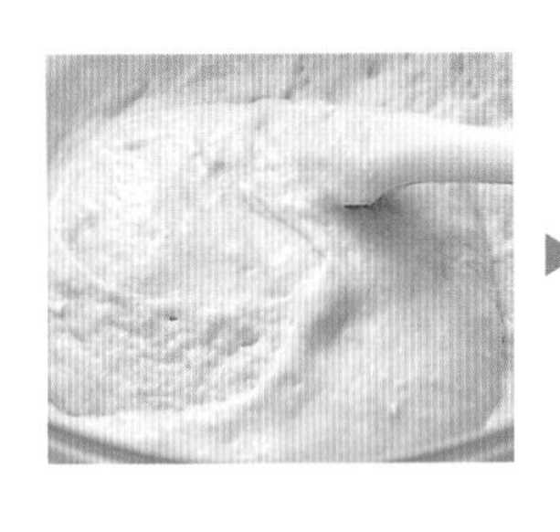

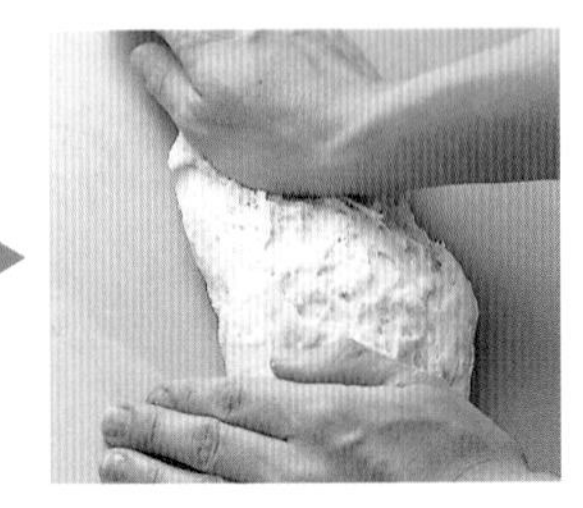

材料（大、小各9個份）

	材料	份量
A	高筋麵粉	95g
	低筋麵粉	20g
	乾酵母	2小匙
	砂糖	2又1/2大匙
	蛋	25g
	牛奶（加熱至40℃）	120mℓ
B	高筋麵粉	95g
	鹽	1/3小匙
	檸檬皮（泥狀）	少許
	香草精	少許
	上新粉	適量
	細砂糖	2大匙
	肉桂糖粉（3大匙的糖粉加1/5小匙的肉桂粉）	

作法

1. 材料A倒入碗內，以橡膠刮刀攪拌均勻，並充分溶解乾酵母。
2. 加入材料B，攪拌至粉氣消失為止。
3. 揉成麵糰後，移至工作檯上，以手充分搓揉。
4. 揉打麵糰至光滑並具延展性後，滾圓放入碗內，覆蓋保鮮膜，以烤箱的發酵功能（40℃）發酵25分鐘，或置於溫暖處發酵。
5. 待麵糰膨脹至兩倍大，以拳頭輕壓使其排氣。再度滾圓，並覆蓋擰乾的濕布10分鐘。
6. 取出麵糰，撒上上新粉，以擀麵棍擀成20×30cm的長方形。
7. 以直徑9cm的甜甜圈模具壓製形狀，蒐集中間的小圓球，使其集合成麵糰後，滾圓再以濕布覆蓋10分鐘後，擀開麵糰，壓製形狀。
8. 在已塑型的甜甜圈撒上上新粉，以一定間距排列於烤盤，再次以烤箱的發酵功能發酵20分鐘。
9. 放進溫度調至180℃的烤箱烘烤9分鐘，取出後趁熱撒上肉桂糖粉，噴濕再撒上細砂糖。

1人份1個　類似產品 192 kcal ➡ 低卡食譜 134 kcal

低熱量的手作巧克力

巧克力奇仕多

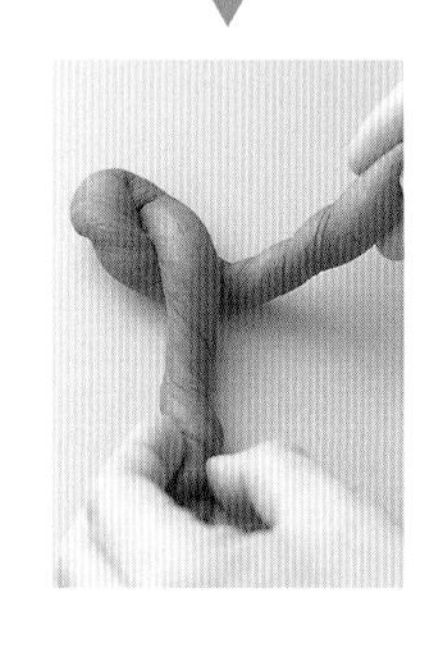

沾滿巧克力的甜菓子，
不但未經油炸，並以可可代替巧克力，
大大提高了健康指數。
可別因為太好吃，而無法停口唷！

材料（10個份）

A	高筋麵粉	90g
	低筋麵粉	15g
	乾酵母	2小匙
	砂糖	2又1/2大匙
	蛋	25g
	牛奶（加熱至40℃）	120mℓ
B	高筋麵粉	90g
	可可粉	20g
	鹽	1/3小匙
	香草精	少許
	上新粉	適量
C	糖粉	2大匙
	可可粉	1大匙
	蛋白	1小匙

作法

1. 材料A倒入碗內並混合，待酵母完全溶解後，倒入材料B，攪拌均勻。揉成麵糰後取至工作檯，充分搓揉。
2. 揉打麵糰呈光滑具延展性後，滾圓放入碗內，覆蓋保鮮膜，以烤箱的發酵功能（40℃）發酵25分鐘。
3. 待麵糰膨脹至兩倍大，排氣並分為十等份，覆蓋濕布10分鐘。
4. 搓揉小麵糰成為20cm長的棒狀，對摺後開始捲編麻花，接起末端固定。
5. 在麻花捲四周撒上上新粉，以一定間距排列於烤盤，並以烤箱的發酵功能發酵20分鐘。
6. 放進溫度調至180℃的烤箱烘烤9分鐘，取出後趁熱塗上攪拌均勻的材料C。

1人份1個　類似產品 200 kcal ➜ 低卡食譜 125 kcal

零奶油挑戰成功

比利時鬆餅

原本需要加入大量奶油的鬆餅，
早在開始流行鬆餅時就以無奶油為目標反覆試作，
直到最近終於成功完成了！
只要增加牛奶用量，就可作出柔軟且富彈性的口感喔！

材料（5個份）

A	高筋麵粉	75g
	乾酵母	1小匙
	砂糖	30g
	蛋黃	1顆份
	牛奶（加熱至40℃）	75mℓ
B	低筋麵粉	75g
	鹽	1/5小匙
	香草精	少許
	粗砂糖	1又1/2大匙

作法

1 材料A倒入碗內並混合，待酵母完全溶解後，倒入材料B，攪拌均勻。揉成麵糰後，取至工作檯，充分搓揉。

2 揉打麵糰至光滑具延展性，倒入粗砂糖後滾圓放入碗內，覆蓋保鮮膜，以烤箱的發酵功能（40℃）發酵25分鐘。

3 待麵糰膨脹至兩倍大後，排氣並分為五等份，分別滾圓後，覆蓋濕布5分鐘。再次滾圓，以一定間距排列於烤盤，以烤箱的發酵功能發酵20分鐘。

4 以弱火預熱鬆餅機，倒入麵糊後蓋上，每一面各烤3分鐘後，將中火轉至弱火烘烤。

▼

1人份1個　類似產品 251 kcal ➡ 低卡食譜 169 kcal

無添加油依然濕潤鬆軟

櫻花蒸蛋糕

這一道是我家在櫻花盛開時節必備的賞花甜點。
蒸煮櫻葉與櫻花使香氣滲入蛋糕內。
零失敗的要訣在於以弱火蒸煮，且不能蒸過頭。
一般會添加沙拉油，但只要充分打發蛋白霜，
不需另外添加油，一樣可作出鬆軟感。

材料（直徑5cm的瑪芬模6個份）

材料	份量
鹽漬櫻花	6朵
鹽漬櫻葉	6片
低筋麵粉	60g
泡打粉	1小匙
蛋白	2顆份
砂糖	25g
蛋黃	2顆份
砂糖	25g
牛奶	1大匙
香草精	少許

作法

1. 低筋麵粉及泡打粉混合後過篩。將鹽漬櫻葉及櫻花泡水至殘留少許鹹味即可，瀝乾櫻葉與櫻花。烤模內鋪上蛋糕模底紙後，並分別放入櫻葉。
2. 蛋白放入碗內，分二至三次倒入砂糖，以電動攪拌器攪打成乾性發泡的蛋白霜。
3. 將蛋黃及砂糖放入另一個碗內，攪拌至泛白後，以橡膠刮刀快速混合均勻，作出蛋白霜。
4. 加入過篩的粉類、牛奶及香草精，由外往內翻攪。
5. 均勻地倒入麵糊至鋪有櫻葉的烤模中，於表面以櫻花點綴。放入蒸籠以弱火蒸煮15分鐘。插入竹籤，若無麵糊黏附，即已蒸熟。

1人份1個　類似產品 138 kcal ➡ 低卡食譜 83 kcal

不需攪打奶油

模型餅乾

女兒在動物模型的餅乾上繪製可愛圖案，
我則選擇較成熟的造型，展現時尚感。
由於不添加奶油，所以可省去攪打奶油的時間。
餅乾一次烤好後可放入密封罐中保存，
因為不含奶油，所以也不易氧化變軟！

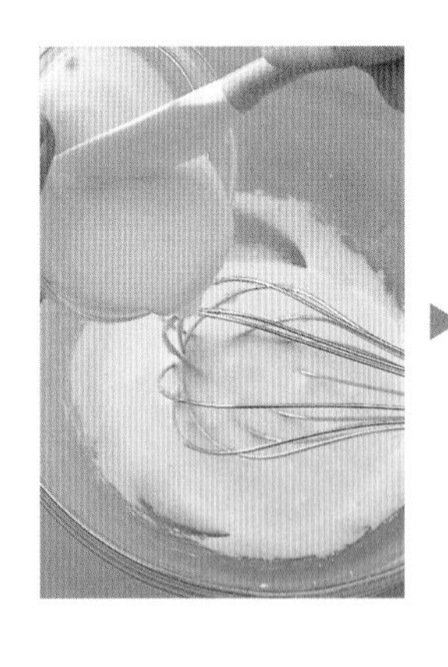

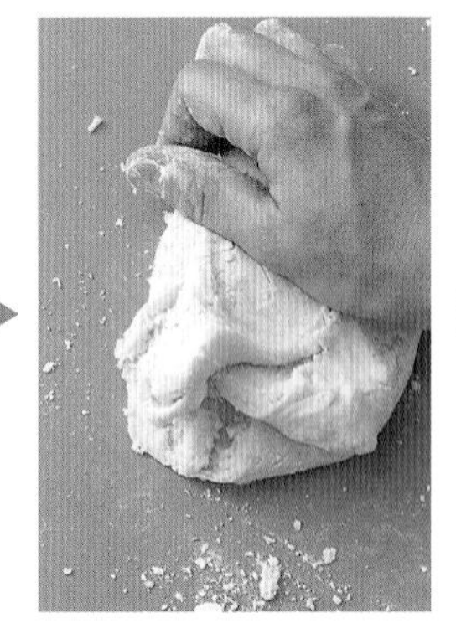

材料（約14片份）

┌	低筋麵粉	100g
└	泡打粉	1/3小匙
	蛋黃	1顆份
	砂糖	40g
	煉乳	2大匙
	牛奶	1至2大匙
	香草精	少許
	低筋麵粉（作為手粉）	適量
	蛋（刷亮用）	適量
A	糖粉	2/3大匙
A	蛋白	1/2小匙

作法

1. 低筋麵粉及泡打粉混合後過篩。
2. 將蛋黃及砂糖放入碗內，以打蛋器攪打至泛白。
3. 先加入煉乳混合，再倒入過篩的粉類，以刮片翻攪，揉成麵糰後加入牛奶。
4. 將麵糰移至工作檯，加入香草精輕揉。為了防止乾燥，需滾圓後放入塑膠袋內，置於常溫下約5分鐘。
5. 一邊撒手粉，一邊以擀麵棍將麵糰擀成約4mm厚的麵糰，以模型壓出形狀後，排列於鋪有烤盤紙的烤盤。
6. 表面塗上蛋汁，以溫度調至180℃的烤箱烘烤6分鐘。
7. 材料A混合作成糖霜，裝入擠花袋（參閱P.75）。將烤好的餅乾置於網架冷卻，並趁熱以糖霜在餅乾上塗鴉。

1人份2片　類似產品 170 kcal ➡ 低卡食譜 122 kcal

TEA

滿滿鮮奶油也能安心享用

鮮奶油夾心餅乾

此道美麗的甜點是在未添加奶油的餅乾間，
夾入含有大量葡萄乾的鮮奶油。
鮮奶油以原味優格為基底，
再加入少許帕爾森起士，提升風味。

材料（5個份）

	材料	份量
	低筋麵粉	80g
	泡打粉	1/5小匙
	蛋黃	1顆份
	砂糖	25g
	煉乳	1大匙
	牛奶	1大匙
	香草精	少許
	低筋麵粉（作為手粉）	適量
	蛋（刷亮用）	適量
A	原味優格	90g
A	糖粉	30g
A	葡萄乾	10g
A	蘭姆酒	2小匙
A	帕爾森起士	1g

作法

1. 將原味優格放入冷藏庫放置一晚脫水，瀝水後取30g備用（參閱P.74）。
2. 低筋麵粉與泡打粉混合後過篩。以蘭姆酒浸泡葡萄乾。
3. 混合蛋黃與砂糖，攪打至泛白後，倒入煉乳攪拌均勻。
4. 倒入過篩的粉類，以刮片由外向內翻攪，再加入牛奶，混合後揉成麵糰。
5. 將麵糰移至工作檯，拌入香草精後滾圓，放入塑膠袋中靜置5分鐘。
6. 撒上手粉，以擀麵棍擀出5mm厚的麵糰，再以4.5×6.5cm的長方型模型壓出10片，排列於鋪有烤盤紙的烤盤，以叉子在表面戳出小洞，放進溫度調至180℃的烤箱烘烤12分鐘。
7. 材料A充分混合，作成鮮奶油。待餅乾冷卻後，以兩片一組，中間夾入鮮奶油。

1人份1個　類似產品 242 kcal ➡ 低卡食譜 144 kcal

高熱量甜點也能健康吃

佛羅倫汀酥餅

佛羅倫汀酥餅是充滿奶油、
鮮奶油及杏仁的高熱量甜點。
只要不添加奶油及鮮奶油，
並少放點杏仁，就能吃得更健康。

材料（20cm的方模1個份）

	材料	份量
	低筋麵粉	120g
	泡打粉	1/3小匙
	蛋	1小顆（40g）
	砂糖	50g
	低筋麵粉（作為手粉）	適量
A	煉乳	80g
A	麥芽糖漿、蜂蜜	各30g
A	杏仁片	30g

作法

1. 將杏仁片鋪於烤盤，放入烤箱以170℃（不需預熱）烘烤5分鐘。低筋麵粉與泡打粉混合後過篩。烤模鋪上烤盤紙。
2. 將蛋及砂糖放入碗內，以打蛋器充分攪打。倒入過篩的粉類，以刮片翻切混合。移至工作檯，揉成麵糰，並放入塑膠袋內靜置10分鐘。
3. 一邊撒手粉，一邊以擀麵棍擀成20×20cm大小，放入烤模中，以叉子在表面戳出小洞，再以溫度調至180℃的烤箱烘烤5分鐘。
4. 將煉乳、麥芽糖漿及蜂蜜倒入鐵鍋內，一邊熬煮一邊攪拌至黏稠狀後，加入杏仁片，並繼續攪拌。
5. 倒入步驟4的材料至烘烤好的餅皮上後，放進溫度調至180℃的烤箱烘烤10分鐘。降溫至50、60℃後脫模，趁熱切成八等份。

1人份1/8個　類似產品 271 kcal ➡ 低卡食譜 166 kcal

沒有巧克力的

巧克力脆片

家人愛吃市售巧克力脆片，
我為了要避免攝取高熱量的巧克力
而研發出這道食譜。
只要不說，
相信誰也無法察覺與市售的有什麼不同！

材料（15個份）

	材料	份量
	玉米脆片	50g
A	蛋白	1顆份
A	砂糖	30g
A	可可粉（過篩）	2大匙
A	煉乳	1大匙
A	麥芽糖漿	10g

作法

1. 材料A倒入小鍋，以中火煮至濃稠後熄火，加入玉米脆片，迅速混合。
2. 烤盤鋪上烤盤紙，以兩支湯匙作出約15堆如小山堆造型的巧克力脆片糊。
3. 放進溫度調至180℃的烤箱烘烤12至13分鐘，取出置於網架上冷卻即可。

1人份3個　類似產品 159 kcal ➡ 低卡食譜 90 kcal

丟開高熱量的起酥油

奶油酥餅風味餅乾

以上新粉取代
可使奶油酥餅口感酥脆的起酥油。
經常可在大人的午茶時間
看見這道甜點。

材料（直徑18cm的圓模1個份）

A
- 低筋麵粉——90g
- 上新粉——30g
- 泡打粉——1/2小匙
- 鹽——1/5小匙

- 蛋黃——1顆份
- 砂糖——55g

B
- 煉乳——20g
- 牛奶——1大匙

- 香草——少許
- 低筋麵粉（作為手粉）——適量
- 蛋（刷亮用）——適量
- 細砂糖——1/2大匙

作法

1. 材料A混合過篩。
2. 將蛋及砂糖放入碗內，並以打蛋機充分攪打，加入材料B攪拌。
3. 倒入過篩的粉類，以刮片切拌後，加入香草精。
4. 將麵糊移至工作檯，揉成麵糰後，放入塑膠袋中，置於常溫約10分鐘。
5. 一邊撒手粉，一邊以擀麵棍擀成約直徑18cm的大圓後，放入鋪有烤盤紙的烤盤，表面刷上牛奶，再將細砂糖過篩撒上。
6. 以叉子畫上呈放射狀的六等份後，戳洞作為裝飾，放進溫度調至180℃的烤箱烘烤20分鐘，並趁熱切成六等份。

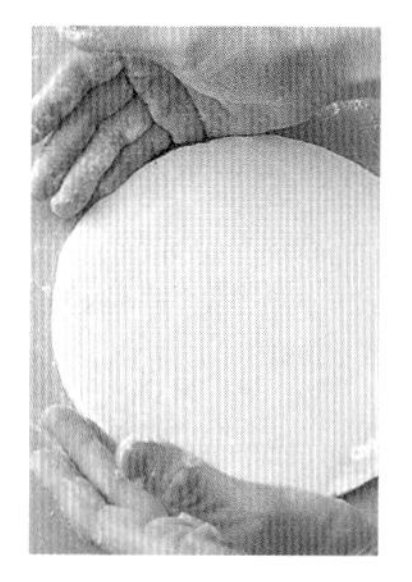

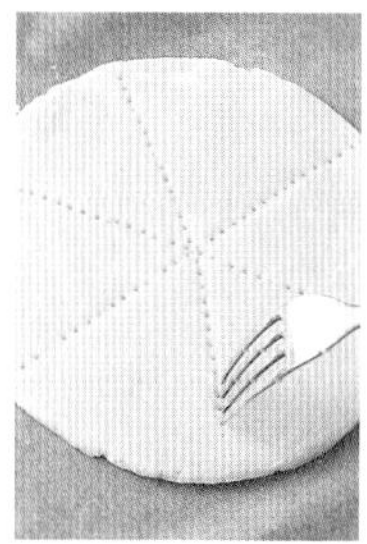

1人份1/6片　類似產品 **220 kcal** ➡ 低卡食譜 **134 kcal**

可代替早餐的蔬菜滿點點心

牛蒡胡蘿蔔綜合蛋糕

將牛蒡加入蛋糕，許多人聽了都嚇一大跳。
其實牛蒡與香草及白蘭地的香氣十分對味。
試著將家中剩餘的蔬菜作成可於早餐食用的蛋糕，
多虧了高含水蔬菜，既使無添加奶油，蛋糕還是一樣好吃，
還一度在甜點教室掀起熱潮呢！

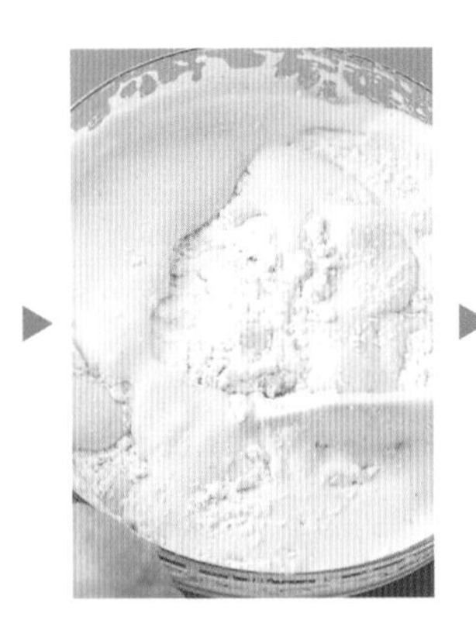

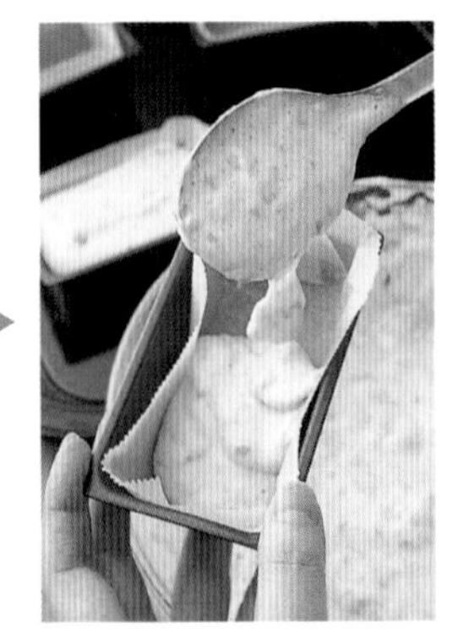

材料（10×5.5×高3.5cm的磅蛋糕模4個份）

	胡蘿蔔	60g
	牛蒡	40g
A	砂糖	3大匙
A	白蘭地	1大匙
A	香草精	少許
B	低筋麵粉	130g
B	泡打粉	1/2小匙
B	鹽	1/2小匙
	蛋	2顆
	三溫糖（高甜度黃砂糖）	70g
	煉乳	50g
	香草精	少許

作法

1 以食物調理機分別將牛蒡及胡蘿蔔切成細條狀後泡水消除菜味。瀝乾牛蒡及胡蘿蔔後放入耐熱碗內，覆蓋保鮮膜。放進微波爐加熱5分鐘，取出後再次瀝水，倒入材料A，靜置約1小時讓味道滲透。

2 材料B混合後過篩。

3 將蛋及三溫糖倒至另一個碗內，以電動攪拌器充分攪打至濕性發泡。

4 加入步驟1的蔬菜混合，再加入煉乳、過篩的粉類及香草精，以橡膠刮刀由外往內翻攪。

5 在烤模鋪上烤盤紙，倒入麵糊，放進溫度調至180℃的烤箱烘烤20分鐘。

1人份1/2個　類似產品 240 kcal ➡ 低卡食譜 162 kcal

CHOPPING

無油，潤澤感依然不減！

檸檬戚風蛋糕

戚風蛋糕是我的拿手甜點，
不添加油，烤出來還是滑潤可口。
常有人問我：祕方是什麼？還是用了什麼替代品？
其實只是均衡搭配食材而已。
若要送人，可放入烘焙紙模後再烘烤。

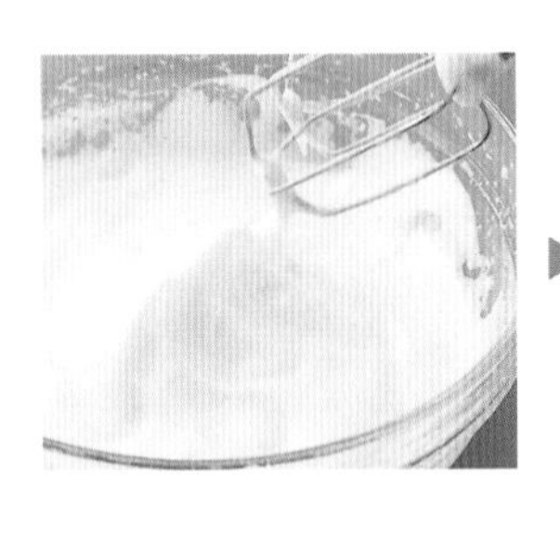

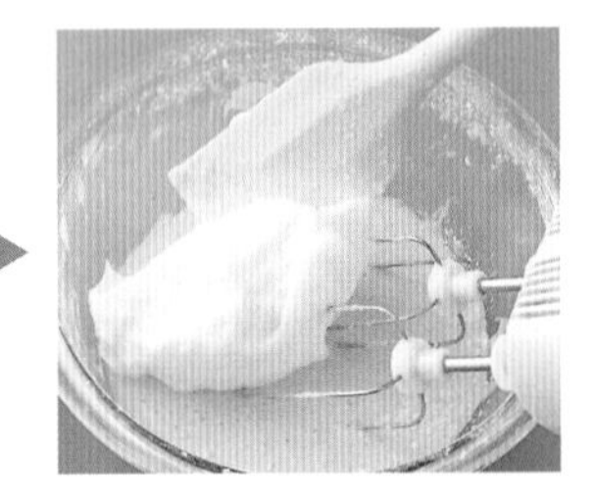

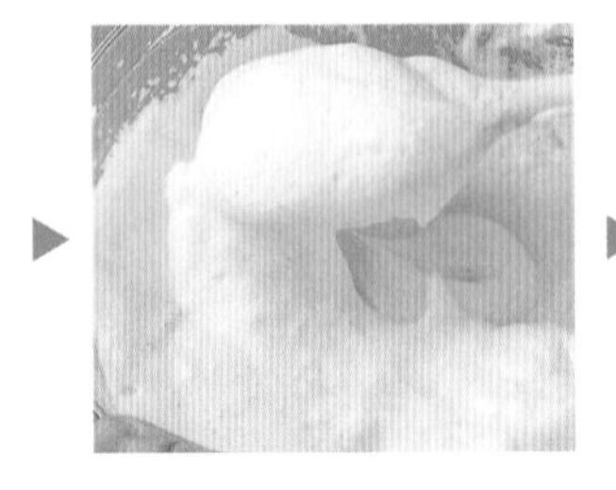

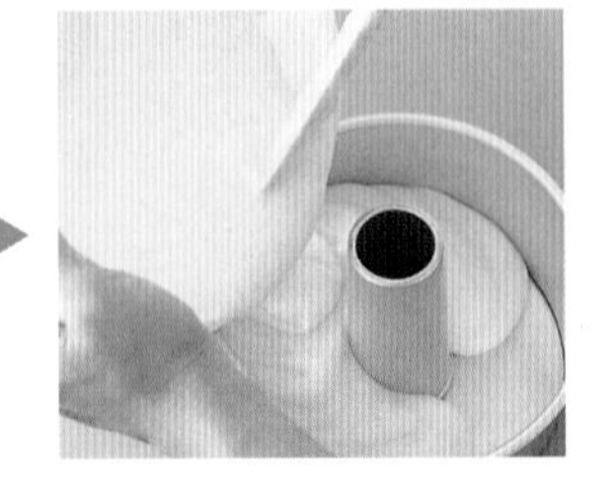

材料（直徑17cm的戚風蛋糕模1個份）

	材料	份量
	蛋白	4顆份
	砂糖	35g
	蛋黃	4顆份
	砂糖	35g
A	新鮮檸檬汁	25mℓ
A	水	35mℓ
	檸檬皮（泥狀）	1/2顆
	低筋麵粉（過篩）	75g

作法

1. 蛋白放入碗內，分二至三次加入砂糖攪拌，以電動攪拌器打成八分發泡的蛋白霜。
2. 將蛋黃及砂糖倒入另一個碗內，以低速電動攪拌器攪打至泛白後，加入已混合好的材料A及檸檬泥，繼續以低速攪拌均勻。
3. 充分攪拌均勻後，倒入低筋麵粉，以低速攪拌，再以橡膠刮刀將步驟1的蛋白霜分3次倒入，並快速混合。最後將全部材料倒回原先盛裝蛋白霜的碗內，稍加攪拌即可。
4. 將麵糊倒入烤模內，放進溫度調至160℃的烤箱烘烤30分鐘。在6至7分鐘時，打開烤箱，以刀子迅速在表面劃四刀。此步驟可讓麵糊平均膨脹，烤出漂亮的蛋糕。
5. 烤好後倒扣於瓶子，並放置半天冷卻。
6. 小心脫模（參閱P.75），再依個人喜好裝飾檸檬片或撒上糖粉。

1人份1/8個　類似產品 184 kcal ➡ 低卡食譜 111 kcal

散發濃郁香味的巧克力

巧克力戚風蛋糕

同樣以低熱量的可可取代巧克力，
口感鬆軟且滑潤。
直徑17cm的戚風蛋糕模
即為一份戚風蛋糕的量。

材料（直徑10cm的戚風蛋糕模4個份）

蛋白	4顆份
砂糖	35g
蛋黃	4顆份
砂糖	35g
牛奶	60mℓ
低筋麵粉	55g
可可粉	20g
香草精	少許

作法

1. 低筋麵粉與可可粉混合過篩。
2. 蛋白放入碗內，分二至三次加入砂糖攪拌，以電動攪拌器打成八分發泡的蛋白霜。
3. 蛋黃及砂糖倒入另一個碗內，以低速電動攪拌器打至泛白後，加入牛奶混合。
4. 充分攪拌均勻後，倒入過篩的粉類及香草精，以低速混合。以橡膠刮刀分三次加入蛋白霜攪拌，最後再全部倒回原先盛裝蛋白霜的碗內，稍加攪拌一下。
5. 將麵糊等量地倒入烤模內，放進溫度調至160℃的烤箱烘烤20分鐘。在6至7分鐘時，打開烤箱，並以刀子迅速在表面劃四刀。
6. 烤好後倒扣，並放置半天冷卻。
7. 小心脫模（參閱P.75），並依個人喜好撒上糖粉。

1人份1/2個　類似產品 180 kcal ➡ 低卡食譜 113 kcal

節食中也能安心食用

可麗餅蛋捲

這是店內的招牌蛋糕。
軟綿濕潤的可麗餅蛋捲，
有如花束般包裹著，
彷彿要融化的卡士達醬及水果。

材料（6個份）

蛋捲皮

蛋白	2顆份
砂糖	30g
蛋黃	2顆份
麥芽糖漿	20g
牛奶	20mℓ
煉乳	20g
低筋麵粉	25g
高筋麵粉	10g
卡士達醬	同P.15
香蕉（斜切）	12片
檸檬薄片・糖粉	少許

作法

1. 將製作蛋捲皮的低筋麵粉與高筋麵粉混合後過篩。
2. 麥芽糖漿倒入牛奶內，以微波爐加熱20秒融化，再加入煉乳攪拌混合。
3. 杏仁片放進溫度調至170℃（不需預熱）的烤箱烤10分鐘。烤盤鋪上烤盤紙，倒入三小糰麵糊，各自抹成直徑15cm的圓形。
4. 將蛋白及砂糖倒入碗內，以電動攪拌器打成八分發泡的蛋白霜。
5. 將蛋黃放入另一個碗內，以手持電動攪拌器低速攪打，再倒入過篩的粉類並攪拌均勻。
6. 分二至三次將步驟4倒入步驟5的碗內，以橡膠刮刀混合後，倒入抹開的圓上。放進溫度調至180℃的烤箱烤12分鐘。分裝蛋捲皮至塑膠袋中冷卻，避免乾掉。
7. 製作卡士達醬（參閱P.15）。
8. 蛋捲皮對切，中間擠入卡士達醬，鋪上香蕉及杏仁薄片後捲起，撒上糖粉。

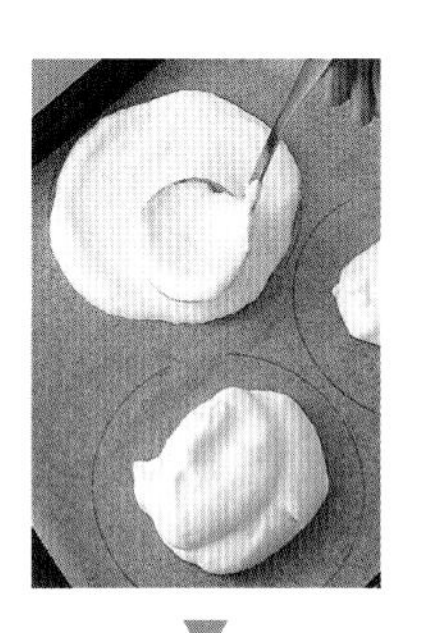

▼

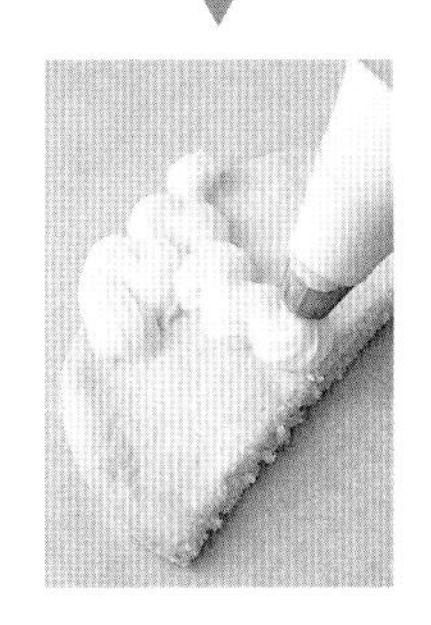

1人份1個　類似產品 250 kcal ➡ 低卡食譜 183 kcal

沒奶油也可以作派皮

蘋果派

原本飽含奶油的派皮，
如何不添加奶油又不失美味呢？
歷過五年反覆試作終於辦到了！
當時與員工們欣喜擁抱的情景至今難忘。
成功關鍵在於脫水優格，雖然酥脆感稍嫌不足，
但無論外觀及作法，都是很棒的作品。
在蘋果盛產的秋天，就選擇紅玉蘋果及
Jonagold蘋果來製作餡料吧！

材料（12×25cm的烤模1個份）

派皮

- 低筋麵粉——100g
- 片栗粉——20g
- 泡打粉——1/2小匙
- 鹽——2/5小匙
- 原味優格——200g
- 蛋黃——1顆份
- 牛奶——20mℓ
- 低筋麵粉（作為手粉）——適量

餡料

- 中型蘋果——1顆（淨重150g）
- 細砂糖——2大匙
- 杏仁粉——適量

蛋（刷亮用）——適量
杏桃醬——1大匙

作法

1. 將原味優格放至冷藏庫一晚脫水，瀝水後取70g備用（參閱P.74）。
2. 蘋果去皮，切成月牙狀薄片，上面灑滿細砂糖及杏仁粉，以微波爐加熱5分鐘後以網篩瀝水。
3. 將低筋麵粉、片栗粉、泡打粉及鹽混合後過篩撒入碗內後，加入脫水優格，以刮片切拌，再倒入已融合的牛奶與蛋黃攪拌成麵糰，放入塑膠袋中10分鐘。
4. 一邊撒手粉，一邊以擀麵棍擀成長方形，摺成三褶後放入塑膠袋中10分鐘。
5. 重覆一次步驟4，並將麵糰擀成26cm的方型，其中一邊需多留1cm，再對切成兩等份。
6. 於較短的派皮鋪上蘋果，較長的派皮則直向對摺，於長邊留下些許距離不切，其餘部分則需間隔1cm劃刀。
7. 在鋪有蘋果的派皮周圍刷上蛋汁後對摺、撕開有劃刀的那片並覆蓋在上方，以叉子按壓四周，黏合兩片，塑型後刷上蛋汁。
8. 在烤盤鋪上烤盤紙，放進溫度調至180℃的烤箱烘烤25鐘。趁熱刷上杏桃醬即完成。

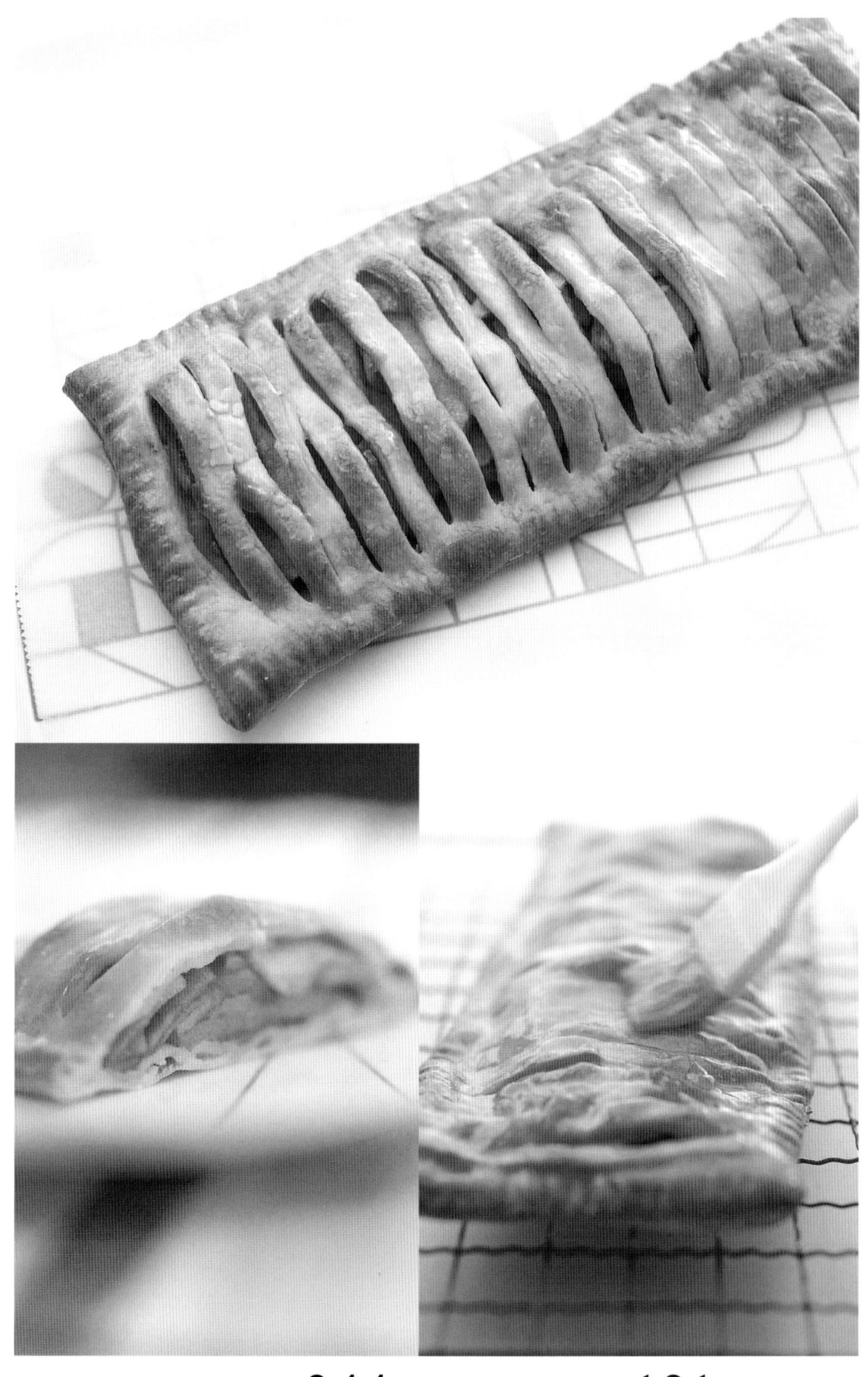

1人份1/6個　類似產品 344 kcal ➡ 低卡食譜 121 kcal

不含奶油，製作好輕鬆！

小小蝴蝶酥餅

不含奶油的派皮，即使在夏天，
也不需要一邊將麵糊放入冰箱冷藏一邊製作，
是所有派類甜點中最容易上手的點心。

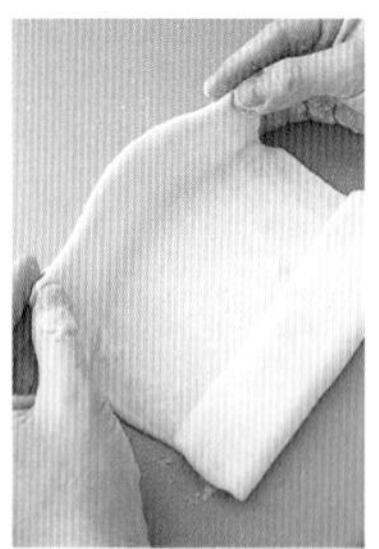

▼

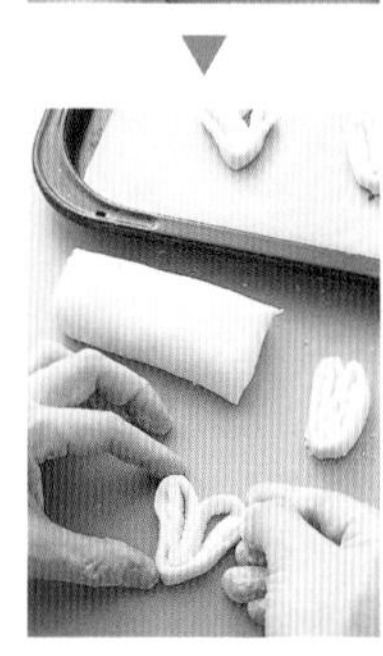

材料（15個份）

派皮

低筋麵粉	80g
片栗粉	15g
泡打粉	1/3小匙
鹽	1/5小匙
原味優格	160g
蛋黃	1顆份
牛奶	1大匙
低筋麵粉（作為手粉）	適量
牛奶	適量
帕爾森起士	2g
蛋（刷亮用）	適量
細砂糖	1大匙

作法

1. 將原味優格放至冷藏庫一晚脫水，瀝水後取55g備用（參閱P.74）。
2. 低筋麵粉、片栗粉、泡打粉及鹽混合後過篩至碗內，加入脫水優格，以刮片切拌，並倒入已融合的牛奶與蛋黃攪拌成麵糰，放入塑膠袋中10分鐘。
3. 一邊撒手粉，一邊以擀麵棍擀成長方形，摺成三褶後放入塑膠袋中10分鐘。
4. 重覆一次步驟3，以擀麵棍擀成12×25cm的長方型，刷上牛奶，撒上帕爾森起士，從兩端向中央摺入後，再對摺。
5. 切成寬約8mm的細麵糰，塑型後排列在鋪有烤盤紙的烤盤上並刷上蛋汁，撒上細砂糖，放進溫度調至180℃的烤箱烘烤10分鐘。

1人份3個　類似產品 204 kcal ➡ 低卡食譜 106 kcal

低卡派皮＆卡士達醬的結合

水果千層派

快要融化開的卡士達醬與新鮮水果，
加上輕巧派皮，形成絕佳組合。
因為是減少蛋黃用量的卡士達醬，
擔心膽固醇過高的人也可以放心品嘗。

材料（10×20cm1個份）

派皮

材料	份量
低筋麵粉	80g
片栗粉	15g
泡打粉	1/3小匙
鹽	1/5小匙
原味優格	160g
蛋黃	1顆份
牛奶	1大匙
帕爾森起士	7g
低筋麵粉（作為手粉）	適量
蛋（刷亮用）	適量
卡士達醬	同P.15
草莓	10粒
哈密瓜	1/4個（淨重100g）
糖粉	適量

作法

1. 將原味優格置於冷藏庫一晚脫水，瀝水後取55g備用（參閱P.74）。
2. 低筋麵粉、片栗粉、泡打粉及鹽混合後過篩入碗內，加入脫水優格，以刮片切拌，再倒入已融合的牛奶與蛋黃，攪拌成麵糰，放入塑膠袋內10分鐘。
3. 一邊撒手粉，一邊以擀麵棍擀成長方形，摺成三褶後放入塑膠袋內10分鐘。
4. 翻面擀成長方形，摺成三褶後放入塑膠袋內10分鐘。從袋內取出，擀成20×30cm，在長邊切成三等份。排列在鋪有烤盤紙的烤盤上，以叉子戳洞，刷上蛋汁，放進溫度調至180℃的烤箱烘烤18分鐘後，移至網架上冷卻。
5. 將草莓及哈密瓜切成薄片備用。另外製作卡士達醬（參閱P.15）。
6. 在三片派皮間均勻的夾入卡士達醬及水果，撒上糖粉後切成六等份。

1人份1/6個　類似產品 282 kcal ➡ 低卡食譜 172 kcal

non butter | non oil

夢幻甜點

陳列在蛋糕店的漂亮蛋糕，
或是冷藏蛋糕等高熱量甜點，
都可以製作出不含油脂的健康版本唷！

以優格取代，所以熱量降低。

南瓜舒芙蕾起士蛋糕

使用優格低卡食譜製作的，
南瓜色金黃起士蛋糕。
膨起訣竅在於迅速攪打，
為了防止蛋白霜的泡沫消失。
請以低溫烤箱隔水蒸烤。

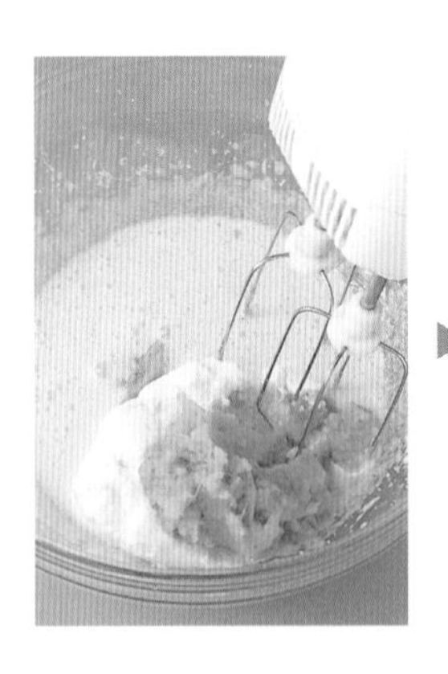

▶

▶

▶

材料（直徑6.5cm的舒芙蕾烤模8個份）

- 蛋白 —— 2顆份
- 砂糖 —— 45g
- 蛋黃 —— 2顆份
- 砂糖 —— 45g
- 原味優格 —— 200g
- 南瓜（煮後搗碎）—— 100g
- 牛奶、煉乳 —— 各2大匙
- 低筋麵粉（過篩）—— 40g
- 杏仁粉 —— 少許
- 香草精 —— 少許

作法

1. 將原味優格放置於冷藏庫一晚脫水，瀝水後取100g備用（參閱P.74）。
2. 將蛋白倒入碗內，分二至三次加入砂糖攪拌，並以手持電動攪拌器攪打至乾性發泡。
3. 將蛋黃及砂糖倒入另一個碗內，以手持電動攪拌器充分攪打。加入脫水優格及南瓜泥，以低速混勻。
4. 倒入牛奶、煉乳及低筋麵粉至步驟3中，以電動攪拌器低速攪拌均勻。
5. 分2至3次倒入蛋白霜，以橡膠刮刀迅速攪拌，杏仁粉及香草精也一併加入混合。
6. 將麵糊倒入烤模後，排列在烤盤或大碗內，注入熱水至一半後，放進溫度調至170℃的烤箱隔水烘烤18分鐘。

1人份1個　類似產品 180 kcal ➡ 低卡食譜 116 kcal

少了奶油乳酪仍無損風味

紐約起士蛋糕

▼

雖然未添加高脂肪的奶油乳酪，
但味道及口感均不輸給道地的起士蛋糕。
作法超簡單，
只要以食物調理機依序攪拌混合，
就絕對不會失敗。

材料（直徑18cm的圓模1個份）

餅乾座

玉米脆片	80g
蛋	1/2顆
砂糖	2大匙
牛奶	2又1/2大匙
原味優格	600g
砂糖	80g
低筋麵粉（過篩）	30g
牛奶	50mℓ
蛋	2又1/2顆
檸檬汁	1又1/2大匙
香草精	少許

作法

1. 原味優格放置冷藏庫一晚脫水，瀝水後取300g備用（參閱P.74）。
2. 將製作餅乾座的材料放入塑膠袋中充分混合，靜置10分鐘使其完全融合。
3. 裁剪25cm長烤盤紙，泡水後立即拿起，擦乾水後，將步驟2舖在紙上，再覆蓋上保鮮膜，抹開成直徑18cm的大圓後移入烤模內，儘量壓入模底。最後撕下保鮮膜。
4. 將脫水優格、砂糖及低筋麵粉放至食物調理機內攪打10秒。加入牛奶、蛋汁、檸檬汁及香草精後，再攪打10秒，使食材滑順。
5. 將步驟4的材料倒至烤模內，放進溫度調至170℃的烤箱烘烤25分鐘，再依個人喜好裝飾薄荷葉。

1人份1/8個　類似產品 **241 kcal** ➡ 低卡食譜 **169 kcal**

好作，爽口且熱量低！

水果乳酪蛋糕

以吉利T凝固成凍的簡單乳酪蛋糕，
完成品非一般的優格凍，
因為脫水的優格，
就是在埃及與土耳其等地所食用的新鮮起士。

材料（直徑18cm的圓模1個份）

原味優格	500g
砂糖	70g
牛奶	150mℓ
吉利T粉	9g
水	3大匙
檸檬	1/2個
干邑橙酒	少許
香草精	少許

藍莓醬汁

藍莓（新鮮或冷凍）	140g
砂糖	2大匙
檸檬汁	1/2顆

作法

1. 原味優格放置冷藏庫一晚脫水後，瀝水取250g備用（參閱P.74）。以一定水量浸泡吉利T粉，使其膨脹。
2. 將脫水優格倒入碗內，加入砂糖攪拌均勻。
3. 牛奶倒入小鍋內加熱，變熱後熄火，倒入吉利T充分溶解。當溫度降至手可碰觸時，再倒入步驟2的碗內並攪拌均勻。接著加入檸檬皮泥及檸檬汁，並以干邑橙酒及香草精增添香氣。
4. 快速用水沾濕烤模後倒入麵糊，置於冷藏庫中冷卻凝固。
5. 若為冷凍藍莓，則先解凍再放入耐熱碗內，拌入砂糖輕輕壓碎。加入檸檬汁並覆蓋保鮮膜，以微波爐加熱4分鐘，冷卻後淋於乳酪蛋糕上即可。

1人份1/6個　類似產品 279 kcal ➡ 低卡食譜 146 kcal

隨心享用，不必在意卡路里！

提拉米蘇

第一次品嘗到提拉米蘇時，
被它的美味嚇了一大跳，
但得知內含高度馬斯卡邦乳脂肪含量時，
又大吃了一驚。
於是應學生要求，研發此道低卡食譜。

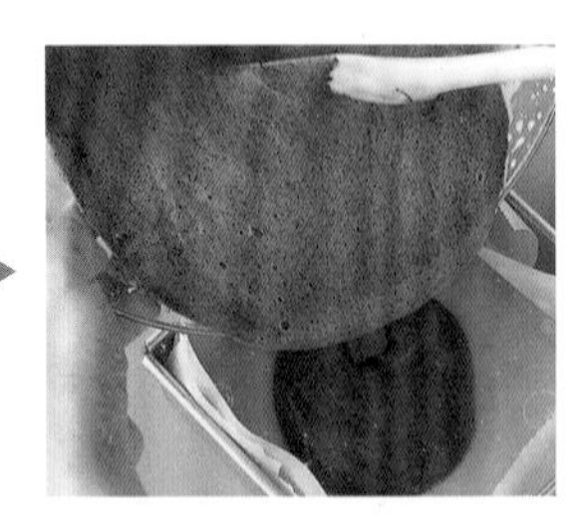

材料（15cm的方模1個份）

海綿蛋糕體

- 蛋 —— 2顆
- 砂糖 —— 50g
- 低筋麵粉 —— 30g
- 可可粉 —— 20g
- 牛奶 —— 1大匙

提拉米蘇鮮奶油

- 原味優格 —— 400g
- 蛋黃 —— 1顆份
- 砂糖 —— 50g
- 低筋麵粉 —— 1大匙
- 牛奶 —— 90mℓ

果露

- 砂糖 —— 25g
- 熱水 —— 1/2杯
- 即溶咖啡 —— 1又1/2小匙
- 白蘭地 —— 少許

可可粉 —— 1大匙

作法

1. 原味優格放置冷藏庫一晚脫水，瀝水取200g備用（參閱P.74）。在烤模鋪上烤盤紙。
2. 製作海綿蛋糕。將蛋及砂糖放入碗內，以電動攪拌器打至濕性發泡。低筋麵粉與可可粉混合後過篩，再倒入牛奶後翻攪。接著將麵糊倒進烤模，以170℃的烤箱烘烤18分鐘，從烤模取下放涼。
3. 製作提拉米蘇鮮奶油。將蛋黃、砂糖、低筋麵粉及少量牛奶混合，並以打蛋器攪打至泛白，倒入剩餘牛奶，攪拌均勻。
4. 將步驟3的材料過篩入鍋內，煮至沸騰後熄火，加入脫水優格，混合均勻後移至大碗內，放入冷藏庫冷卻。
5. 將果露的材料倒入碗內混合，海綿蛋糕橫切成兩半，其中一片放入烤模，刷上一半的果露，使其滲入蛋糕內。
6. 在上面抹上一半提拉米蘇鮮奶油後，疊上另一片海綿蛋糕，塗抹剩餘果露及鮮奶油，以濾茶網撒上可可粉。

1人份1/9個　類似產品 186 kcal ➡ 低卡食譜 121 kcal

美味不變，熱量大減！

巧克力布朗尼

抽離巧克力中的可可脂後就變成了可可，
熱量比麵粉還低！
以融化後的巧克力為概念，
混合可可粉、麥芽糖漿及煉乳，
與麵糊攪拌均勻，就可烘烤出幾可亂真的巧克力布朗尼。

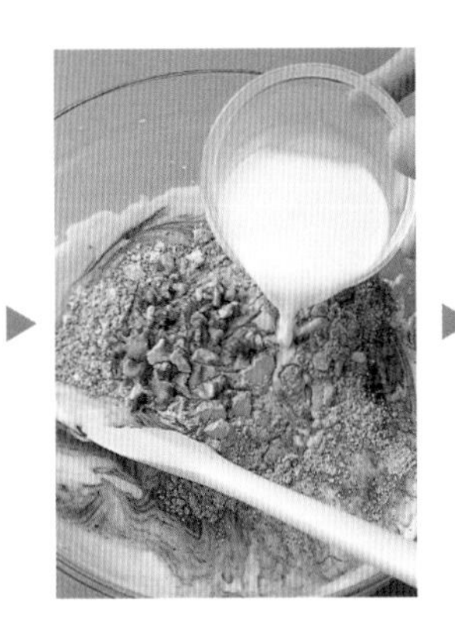

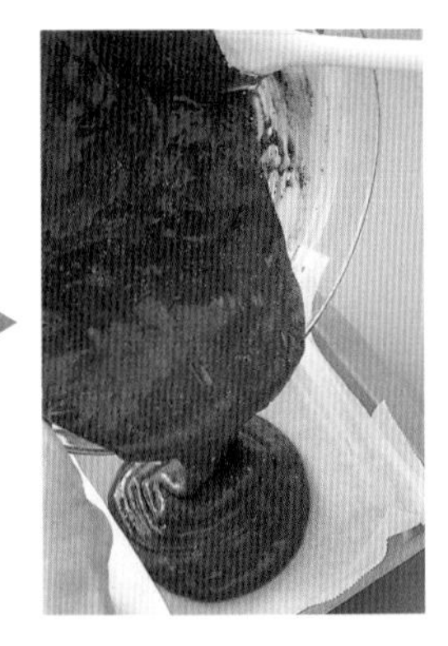

材料（20cm的方模1個份）

A	可可粉	30 g
	麥芽糖漿	60g
	煉乳	60g
	蛋白	2顆份
	砂糖	35g
	蛋黃	2顆份
	砂糖	35g
	低筋麵粉	50g
	可可粉	10g
	牛奶	50mℓ
	核桃	15g
	糖粉	適量

作法

1. 低筋麵粉與可可粉混合後過篩。核桃以溫度調至170℃（不需預熱）烤箱烘烤10分鐘後，剝成小塊。
2. 將材料A倒入鍋中，隔水加熱並攪拌均勻。在烤模鋪上烤盤紙。
3. 將蛋白倒至碗內，分二至三次加入砂糖，再以電動攪拌器打成八分發泡的蛋白霜。
4. 將蛋黃及砂糖倒至另一個碗內，攪拌至泛白。改以橡膠刮刀將蛋白霜分二至三次加入碗內，快速攪拌均勻，並同時倒入步驟2的材料。
5. 將過篩的粉類、牛奶及核桃倒至碗內並充分攪拌，混合後倒至烤模內，放進溫度調至180℃的烤箱烘烤17分鐘。
6. 脫模後放涼，並以濾茶網撒上糖粉。

1人份1/9個　類似產品 220 kcal ➡ 低卡食譜 134 kcal

無奶油的奶油蛋糕

杏桃方蛋糕

沒有添加奶油，嘗起來卻有奶油蛋糕的味道，
秘密就在於麥芽糖漿及煉乳。
一經烘烤，廚房立即瀰漫杏桃的酸甜香氣，
多麼幸福阿！請趁熱享用唷！

材料（20cm的方模1個份）

杏桃（1/2罐裝）	16個
低筋麵粉	130g
杏仁粉	1大匙
蛋	2顆
砂糖	65g
麥芽糖漿	40g
牛奶	1大匙
煉乳	2大匙
櫻桃酒	1大匙
香草精	少許
細砂糖	2大匙
杏桃醬	適量

作法

1. 將杏仁粉放進溫度調至170℃（不需預熱）烤箱烘烤10分鐘。與低筋麵粉混合後過篩。在烤模鋪上烤盤紙。
2. 放入麥芽糖漿及牛奶至耐熱容器內，以微波爐加熱10至20秒，融化後加入煉乳攪拌。
3. 將蛋黃及砂糖放入碗內，以電動攪拌器打至濕性發泡後，倒入步驟2的材料內，以橡膠刮刀攪拌均勻。
4. 倒入過篩的粉類以及櫻桃酒與香草精攪拌均勻。
5. 倒入麵糊至烤模內，放進溫度調至180℃的烤箱烘烤13分鐘，拿出烤箱後，鋪上杏桃並撒上糖粉。
6. 再度放入烤箱烘烤15分鐘。趁熱在表面塗刷杏桃醬。

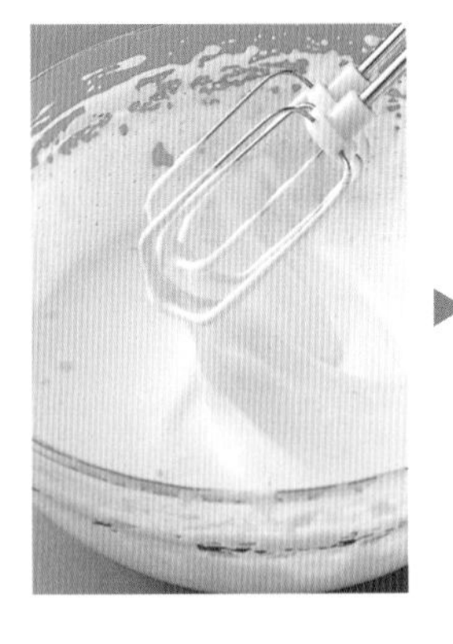

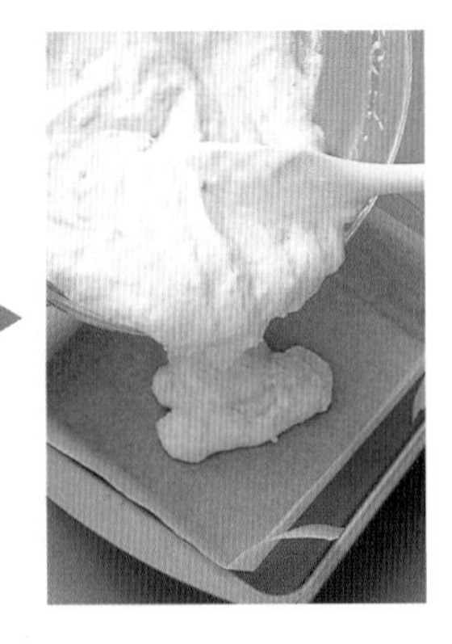

1人份1/8個　類似產品 276 kcal ➡ 低卡食譜 195 kcal

酒香四溢，
熱量低卻奢華的味道

白蘭地栗子蛋糕

這是一道好像快要溢出酒似的大人甜點。
在栗子盛產的季節，
加入煮出甜味的栗子，更別具風味。
同樣以麥芽糖漿及煉乳取代奶油，大幅降低熱量。

材料（22×9×高6.5cm的磅蛋糕模1個份）

	材料	份量
	糖漬栗子	6粒
	低筋麵粉	90g
	杏仁粉	1大匙
	蛋	2顆
	砂糖	90g
	麥芽糖漿	40g
	牛奶	1大匙
	白蘭地	40mℓ
	香草精	少許
A	白蘭地	80mℓ
A	麥芽糖漿	50g
A	砂糖、水	各2大匙

作法

1. 將杏仁粉放進溫度調至170℃（不需預熱）的烤箱烘烤10分鐘，與低筋麵粉混合後過篩。
2. 將麥芽糖漿及牛奶放入耐熱容器中微波10至20秒加熱融化。
3. 切出兩塊大栗子作為裝飾，其餘切成5×5mm的栗子丁。在烤模鋪上烤盤紙。
4. 將蛋及砂糖倒至碗內，以電動攪拌器打至濕性發泡，再倒入步驟2的材料並攪拌均勻。
5. 倒入過篩的粉類，以橡膠刮刀一邊切拌一邊混合，再倒入栗子丁、白蘭地與香草精。
6. 將麵糊倒入烤模內，放進溫度調至180℃的烤箱烘烤20分鐘。
7. 將材料A的麥芽糖漿、砂糖及水倒至耐熱容器中混合，以微波爐加熱10至20秒，再倒入白蘭地，製作成果露。
8. 趁熱在蛋糕刷上果露，並裝飾上大塊栗子。

1人份1/10個　類似產品 337 kcal ➡ 低卡食譜 161 kcal

家中也能輕鬆製作的健康甜點

手作年輪蛋糕

利用家裡的鐵氟龍煎蛋鍋，
就可作出原本添加大量奶油，
且以專門機器製作的年輪蛋糕。
倒入的麵糊需薄一點，每一層都不要太厚。

材料（10×13×高5cm的烤模1個份）

	材料	份量
	低筋麵粉	95g
	杏仁粉	20g
	蛋	3顆
	砂糖	100g
	牛奶	2大匙
	麥芽糖漿	1小匙
	煉乳	2大匙
	蘭姆酒	少許
	香草精	少許
A	糖粉	40g
A	蛋白	1/3大匙

作法

1. 將杏仁粉放進溫度調至170℃（不需預熱）的烤箱烘烤10分鐘。與低筋麵粉混合後過篩。
2. 將牛奶及麥芽糖漿放至耐熱容器中，以微波爐加熱20秒融化後，加入煉乳攪拌。
3. 將蛋及砂糖倒入碗內，以電動攪拌器打至濕性發泡後，倒入步驟2的材料內，加入蘭姆酒混合。
4. 倒入過篩的粉類至步驟3的材料內，以橡膠刮刀翻攪後加入香草精。
5. 以中火加熱煎蛋鍋，倒入1/2湯杓的麵糊後抹平，烤乾表面後翻至背面。再倒入1/3湯杓的麵糊，抹平翻烤，一層層的反覆烘烤。
6. 充分攪拌材料A，趁熱刷在蛋糕表面，並將四周修齊。

▼

1人份1/8個　類似產品 275 kcal ➡ 低卡食譜 157 kcal

零奶油的塔皮

洋梨杏仁塔

飽含奶油及杏仁粉的高熱量水果塔，
要如何降低熱量呢？
經過三年試作終於辦到了！
不但有接近餅乾口感的塔皮，
作為餡料的杏仁粉也只點到為止，
脫水優格則是口感酥脆的原因。
以杏桃代替洋梨也很好吃唷！

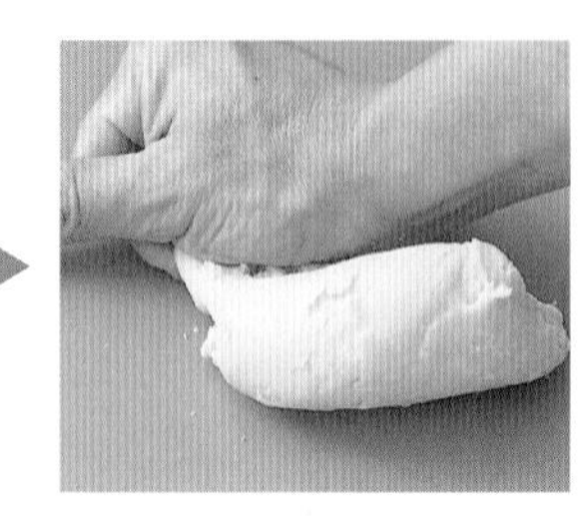

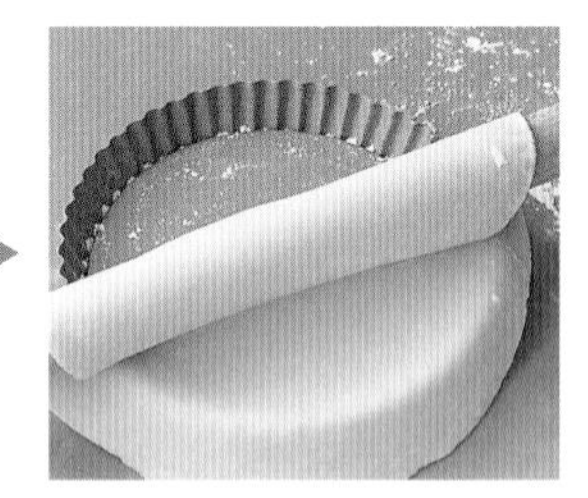
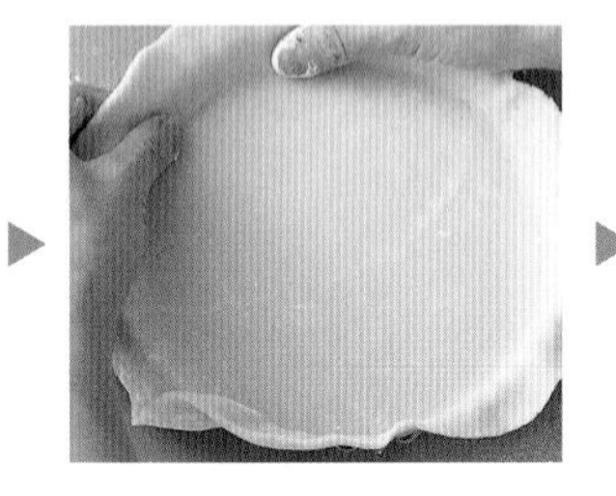

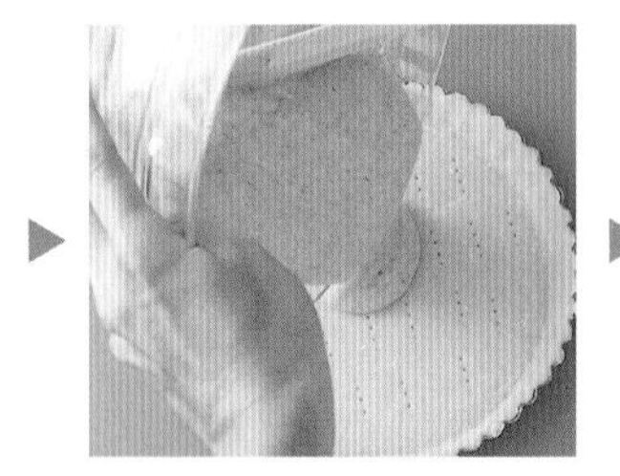

材料（直徑18cm的鐵氟龍塔模1個份）

塔皮麵糊

蛋	30g
砂糖	40g
低筋麵粉	100g
牛奶	20mℓ
香草精	少許
低筋麵粉（作為手粉）	適量

餡料

洋梨（罐裝）	220g（淨重）
原味優格	80g
砂糖	40g
蛋	1顆
牛奶	1大匙
杏仁粉	20g
低筋麵粉	10g
香草精	少許
杏仁薄片	8片

作法

1. 將原味優格放置冷藏庫一晚脫水，取40g作為備用（參閱P.74）。
2. 洋梨切成薄片。多撒一點低筋麵粉（不含在材料內）在烤模上。
3. 製作塔皮。將蛋及砂糖倒入碗內，以打蛋器攪拌，加入低筋麵粉及香草精後改以刮片切拌。視硬度決定倒入牛奶的量，並移至工作檯揉打成麵糰後，放進塑膠袋中10分鐘。
4. 一邊撒手粉一邊以擀麵棍擀成直徑20cm的圓，接著放入烤模，緊扣四周後滾過擀麵棍，去掉多餘部分。底部以叉子戳洞。
5. 製作餡料。將脫水優格及砂糖放入碗內，以橡膠刮刀翻攪。加入蛋、牛奶、杏仁粉、低筋麵粉及香草精攪拌均勻。
6. 將餡料倒入鋪有塔皮的烤模內，並鋪排洋梨片及杏仁片，再放進溫度調至180℃的烤箱烘烤25分鐘。

1人份1/6個　類似產品 266 kcal ➡ 低卡食譜 184 kcal

以低卡的魔法巧克力製作
巧克力塔

黏糊且入口即化的巧克力口感，
應該沒人發現它其實不是巧克力吧！
三個小塔模的量
約等於一個直徑17cm的大塔模。

材料（直徑10cm的鐵氟龍塔模3個份）

塔皮

與P.50的洋梨杏仁塔的作法相同

餡料

蛋	1顆
砂糖	80g
可可粉	60g
煉乳	60g
麥芽糖漿	30g
牛奶	110mℓ

作法

1. 將煉乳及麥芽糖漿放入耐熱容器中，以微波爐加熱10至20秒後混合。
2. 牛奶置於常溫。烤膜中需多撒一些低筋麵粉（不含在材料內）。
3. 塔皮製作參照P.50「洋梨杏仁塔」的步驟3。將麵糰分成三等份後，擀成直徑約15cm的圓，鋪進烤模內，但不需戳洞。
4. 製作餡料。將蛋及砂糖放入碗內以打蛋器攪拌均勻後，加入步驟1的材料及可可粉，並慢慢倒入牛奶充分混合。
5. 將餡料倒入鋪有塔皮的烤模上，放進溫度調至170℃的烤箱烘烤25分鐘（直徑約17cm的烤模則需烘烤35分鐘）。

1人份1/3個　類似產品 387 kcal ➡ 低卡食譜 168 kcal

優格多多，又鬆又軟！

鳳梨起士塔

鳳梨和起士有著意想不到的協調性，
餡料一開始是糊狀，烘烤後就會凝固。

材料（直徑18cm的鐵弗龍塔模1個份）

塔皮

與P.50的洋梨杏仁塔的作法相同

餡料

鳳梨（新鮮或罐裝的，切成圓形）	2片
原味優格	200g
蛋	1顆
砂糖	30g
低筋麵粉	1又2/3大匙
煉乳	40g
鳳梨汁	1/2杯
檸檬汁	3大匙
香草精	少許

作法

1. 放置原味優格於冷藏庫一晚脫水，取100g備用（參閱P.74）。
2. 塔皮比照P.50「洋梨杏仁塔」的步驟3與4。需在烤模內多撒一些低筋麵粉（不含在材料內）。
3. 製作餡料。將脫水優格、蛋及砂糖放入碗內，以打蛋器充分攪打，加入低筋麵粉攪拌。接著加入煉乳及鳳梨汁攪拌，再加入檸檬汁及香草精充分攪拌。
4. 將餡料倒入鋪有塔皮的烤模，放進溫度調至160℃的烤箱先烘烤10分鐘後取出，舖放已切成一口大小鳳梨，再次放入烤箱內烘烤25分鐘。

1人份1/6個　類似產品 292 kcal ➡ 低卡食譜 196 kcal

讓你無法忍住衝動的巧克力

手作松露巧克力

有沒有想吃巧克力想到快發瘋的時候呢？
我會毫不猶豫動手作來吃。
我選用香醇的高品質可可粉，
作出入口即化且可滿足口腹之欲的巧克力球，
當成禮物也很適合喔！

材料（10顆份）

- 可可粉——70g
- 糖粉——100g
- 牛奶——70ml
- ┌ 吉利T粉——3g
- └ 水——1又1/2大匙
- 蘭姆酒——1大匙
- ┌ 葡萄乾——10g
- └ 蘭姆酒——2小匙
- 可可粉（裝飾用）——適量

作法

1. 在耐熱容器中以一定水量浸泡膨脹吉利T粉。
2. 以蘭姆酒浸泡葡萄乾。
3. 可可粉及糖粉混合後過篩入碗內，並慢慢倒入牛奶攪拌均勻。
4. 以微波爐加熱已膨脹的吉利T粉5至10秒，溶解後倒回步驟3的材料中，倒入蘭姆酒攪拌均勻，再放進冷藏庫中冷卻。
5. 以湯匙挖起巧克力糊，塞入已浸泡過蘭姆酒的葡萄乾，並用兩支湯匙滾成圓形。
6. 裝飾用可可粉倒入容器中，將步驟5的材料沾滿可可粉後再次塑型。

1人份2顆　類似產品 210 kcal ➡ 低卡食譜 148 kcal

以可可粉讓高熱量變成低熱量

薩赫蛋糕

經過多次嘗試，
終於成功的以可可取代原本的巧克力外衣。
蛋糕體一點也不遜色於傳統薩赫蛋糕。
適合在情人節獻給心愛的另一半唷！

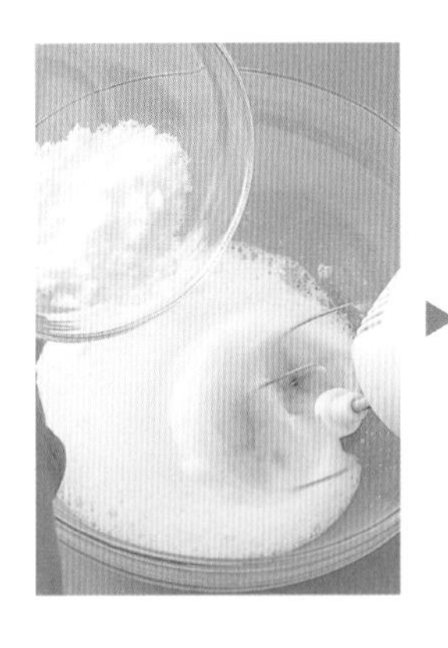
▶

▶

▶

▶
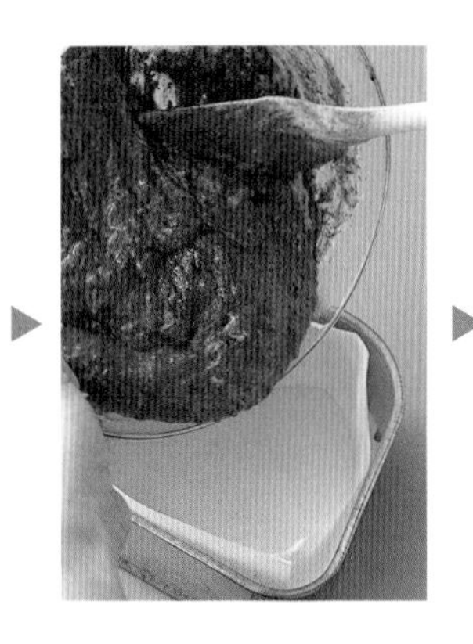
▶
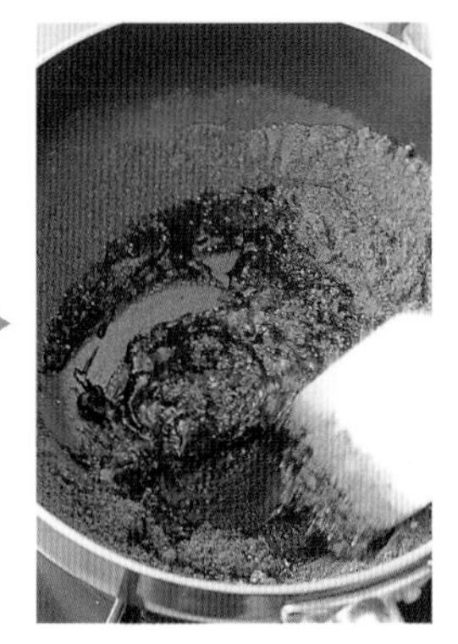

材料（寬17cm的心型模1個份）

材料	份量
低筋麵粉	100g
可可粉	40g
蛋白	2顆份
砂糖	45g
蛋黃	2顆份
砂糖	45g
麥芽糖漿	60g
牛奶	70mℓ
蘭姆酒	20mℓ
A 麥芽糖漿	5g
A 牛奶	3大匙
A 糖粉	50g
A 可可粉	30g
已烤過的杏仁薄片	2片

作法

1. 低筋麵粉與可可粉混合後過篩。
2. 將麥芽糖漿及牛奶倒入耐熱容器中以微波爐加熱20秒融化後，加入蘭姆酒混合。
3. 蛋白放入碗內，分二至三次倒入砂糖後，以電動攪拌器打成乾性發泡的蛋白霜。
4. 將蛋黃及砂糖倒入另一個碗內，以打蛋器攪打至泛白，再倒入步驟2的材料，以橡膠刮刀翻攪。接著加入步驟1的材料，由外向內翻攪攪拌，不要產生結塊，再分2至3次倒入蛋白霜翻攪。
5. 將麵糊倒入鋪有烤盤紙的烤模內，放進溫度調成180℃的烤箱烘烤30分鐘。
6. 以材料A製作外衣。倒入麥芽糖漿及牛奶至小鍋內加熱，待麥芽糖漿融化後加入糖粉及可可粉混合至滑順。
7. 蛋糕烤好後，趁熱裹上步驟6的外衣，以抹刀抹勻整體，最後裝飾上杏仁薄片即完成。

1人份1/10個　類似產品 256 kcal ➡ 低卡食譜 156 kcal

口感柔順，有益健康！

咖啡蛋糕捲

鬆軟輕柔的海綿蛋糕捲，
製作重點在乾性發泡的蛋白霜。
降低夾入內層的咖啡卡士達醬甜度，
保留住咖啡的苦澀味，
是一款屬於大人的甜點。

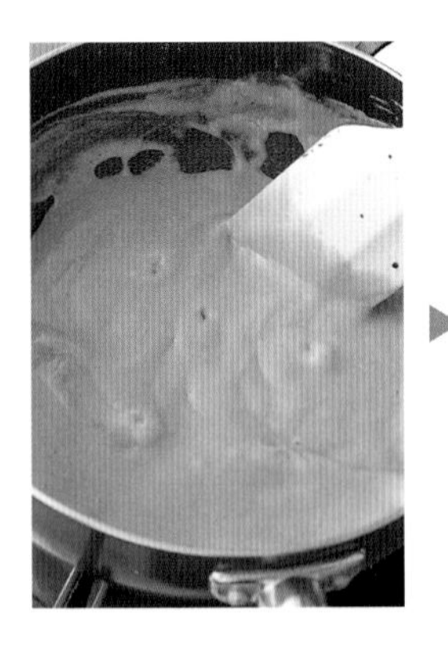
▶

▶

▶

▶
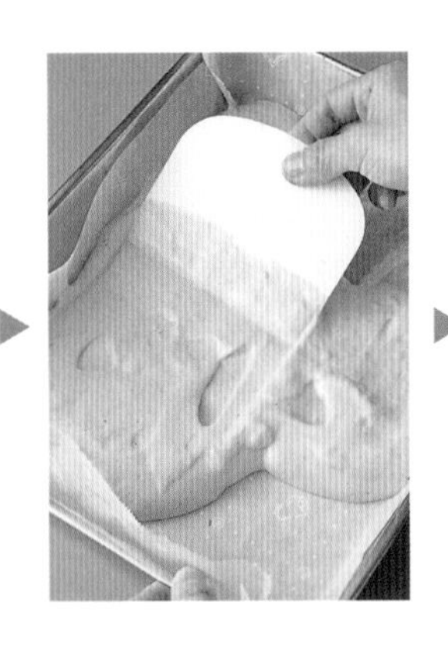
▶

材料（25×30cm的烤模，1條份）

海綿蛋糕體

- 蛋白——2顆份
- 砂糖——45g
- 蛋黃——2顆份
- 即溶咖啡——1小匙
- 熱水——2小匙
- 牛奶——40mℓ
- 高筋麵粉（過篩）——40g
- 無鹽杏仁粒——1大匙

咖啡卡士達醬

- 蛋黃——1顆份
- 低筋麵粉——2大匙
- 砂糖——50g
- 即溶咖啡——2小匙
- 牛奶——1杯
- 香草精——少許

作法

1. 製作咖啡卡士達醬。將蛋黃、低筋麵粉、砂糖及即溶咖啡放入碗內，加入少量牛奶，以打蛋器充分攪打。倒入剩餘牛奶後移至鍋中，一邊加熱一邊以橡膠刮刀翻攪，煮沸後熄火，倒入香草精攪拌均勻。再移至另一個容器中，覆蓋保鮮膜加以冷卻。
2. 將蛋白放入碗內，分二至三次倒入砂糖，以電動攪拌器打成乾性發泡的蛋白霜。
3. 以熱水沖泡即溶咖啡後加入牛奶攪拌。
4. 將蛋黃放入另一個碗內，倒入步驟3的材料，以電動攪拌器低速混合，分2至3次倒入蛋白霜，並以橡膠刮刀快速攪拌均勻。同時倒入高筋麵粉並攪拌。
5. 在25×30cm的烤盤或鐵盤內鋪上烤盤紙，倒入麵糊並以刮片抹平。均勻撒上無鹽杏仁粒後，放進溫度調至180℃的烤箱烘烤10分鐘。
6. 從烤箱內取出後倒扣待涼。
7. 撕下烤盤紙，移至另一張大於蛋糕體的烤盤紙上，在捲摺前端以間隔1cm劃上三刀，並斜切捲摺尾端。接著在海綿蛋糕體抹上咖啡卡士達醬後，捲成圓筒狀。

1人份1/8個　類似產品 210 kcal ➡ 低卡食譜 124 kcal

特別的日子也能安心品嘗

白色聖誕蛋糕捲

鮮紅色的覆盆子
搭配以原味優格作成的起士鮮奶油夾心，
作出應景的聖誕蛋糕捲。
只要加入少許的料理用鮮奶油，
就能帶出鮮奶油的香氣。

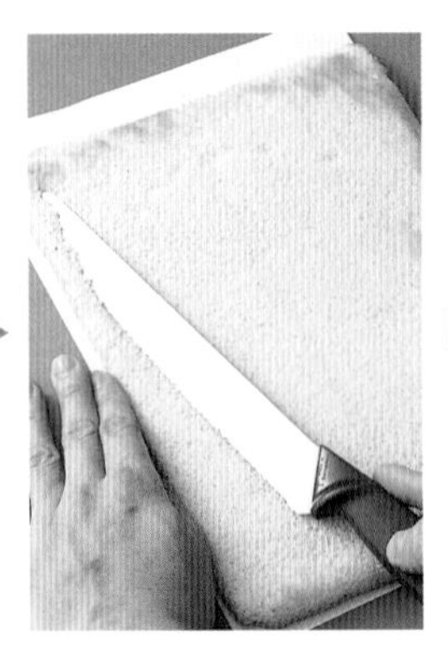

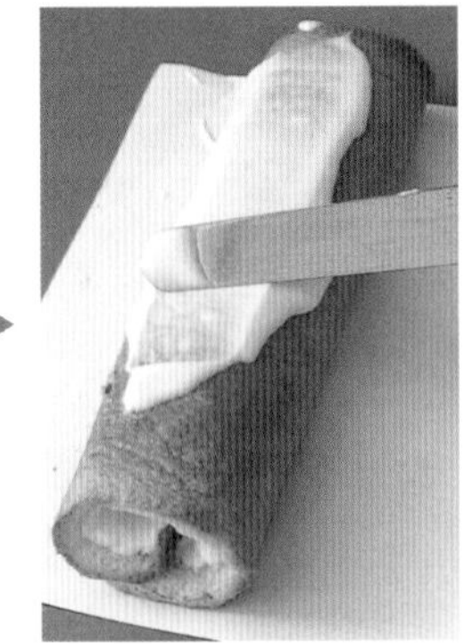

材料（25×30cm烤模，1條份）

海綿蛋糕體

- 蛋——2顆
- 砂糖——40g
- 低筋麵粉（過篩）——40g
- 牛奶——1大匙

起士鮮奶油

- 原味優格——400g
- 砂糖——50g

白色鮮奶油

- 糖粉——80g
- 料理用鮮奶油——2大匙

覆盆子——15粒
薄荷葉——3至4片

作法

1. 將原味優格放置於冷藏庫一晚脫水，瀝水取約200g備用（參閱P.74）。
2. 製作海綿蛋糕體。將蛋及砂糖放入碗內，以電動攪拌器打至濕性發泡。
3. 將低筋麵粉倒入步驟2的材料中，以橡膠刮刀混合，再加入牛奶翻攪。
4. 在25×30cm的烤盤或鐵盤內鋪上烤盤紙，倒入麵糊，以刮片抹平，放進溫度調至180℃的烤箱烘烤9分鐘。
5. 從烤箱取出後倒扣待涼。
6. 混合起士鮮奶油的材料。將白色鮮奶油的材料混合備用。
7. 撕下海綿蛋糕的烤盤紙，移至烤盤紙上，為了方便捲摺，可在捲摺前端，以間隔1cm劃上三刀，並斜切捲摺尾端。
8. 留下作為裝飾的5粒覆盆子後其餘剁碎。在海綿蛋糕體抹上起士鮮奶油，撒上剁碎的覆盆子後捲成圓筒狀。
9. 在表面抹上白色鮮奶油，放上5粒覆盆子，再裝飾上薄荷葉即大功告成。

1人份1/8個　類似產品 200 kcal ➡ 低卡食譜 158 kcal

non butter | non oil

沁涼甜點

柔順滑入喉嚨的清涼甜點，
最常被作為零食或餐後甜點食用。
如果不添加鮮奶油，就能更健康！

沒有鮮奶油也沒問題！

卡士達芭芭樂慕思

芭芭樂慕思是以打發的鮮奶油製成的，
所以也是出了名的高熱量甜點。
若以蛋白霜代替鮮奶油，
不但可保有鬆軟感，又能降低熱量。
奢侈的綴滿當令水果吧！

▶

▶

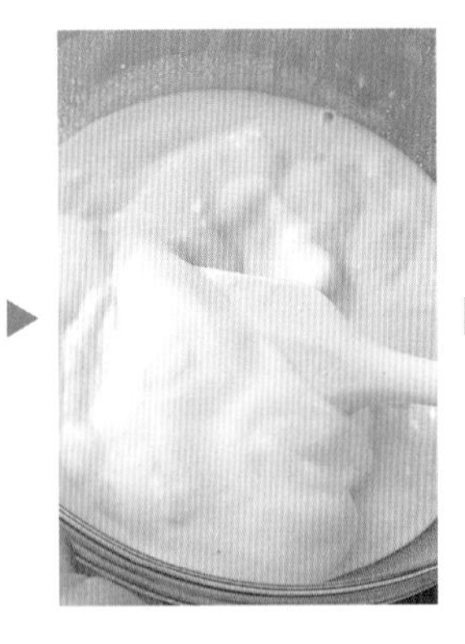

▶

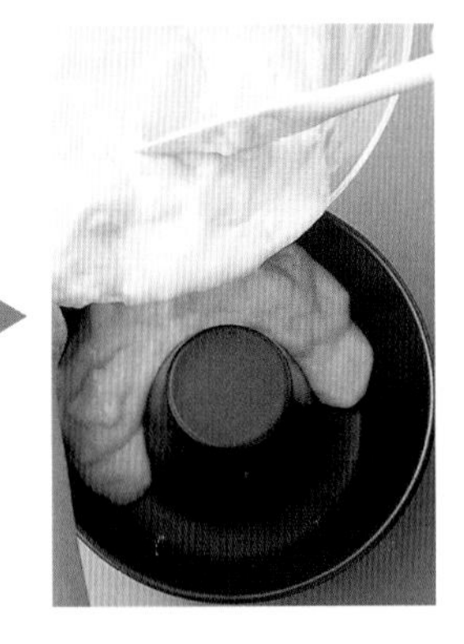

材料（直徑18cm的中空模1個份）

原味優格	250g
蛋黃	2顆份
砂糖	80g
牛奶	250mℓ
吉利T粉	16g
水	90mℓ
蛋白	2顆份
砂糖	15g
香草精	少許
干邑橙酒	少許
優格醬	
原味優格	200g
砂糖	30g
干邑橙酒	1大匙
葡萄柚	1/2個
柑橘	1/4個

作法

1. 以一定水量浸泡吉利T粉，使其膨脹。
2. 將蛋黃及砂糖放入碗內，以打蛋器打至泛白。加入牛奶稀釋後移至鍋內，開火煮熱後熄火，倒入膨脹的吉利T粉加以溶解。
3. 將原味優格倒入另一個碗，加入步驟2的材料攪拌後，一邊隔著冰水冷卻，一邊攪拌至黏稠狀。
4. 倒入蛋白至另一個盆子，分二至三次倒入砂糖，並以電動攪拌器打成六分發泡的蛋白霜。
5. 將蛋白霜倒入步驟3的碗內快速混合。加入香草精與干邑橙酒提香後，倒入置於水中的烤模，再放進冷藏庫隔水冷卻。
6. 將優格醬材料全部倒入碗內，以打蛋器攪拌均勻。
7. 剝去葡萄柚及柑橘片的薄皮。
8. 將芭芭樂慕思倒在承盤上，以水果裝飾，並淋上優格醬。

1人份1/8個　類似產品 302 kcal ➡ 低卡食譜 148 kcal

活用水果營造特殊口感

白桃芭芭樂慕思

芭芭樂慕思中飽含桃子泥，
作出散發甘甜果香的爽口布丁。
可以新鮮桃子代替罐頭，
或以草莓、西洋梨或香蕉等取代，
變換多種口味。

材料（6人份）

材料	份量
白桃（罐裝）	280g（淨重）
原味優格	150g
蛋黃	1顆份
砂糖	60g
牛奶	150mℓ
吉利T粉	14g
水	60mℓ
檸檬汁	2大匙
干邑橙酒	1/2大匙
蛋白	1顆份
砂糖	15g
裝飾用白桃（罐裝）	50g
薄荷葉	適量

作法

1. 以一定水量浸泡吉利T粉，使其膨脹。一併放入白桃與優格至食物調理機中攪拌至滑順後，倒入碗內。
2. 將蛋黃及砂糖放入另一個碗內，加入少許後馬上牛奶以打蛋器攪打。倒入剩餘的牛奶後，移至鍋內加熱熄火，倒入膨脹的吉利T粉加以溶解。
3. 將步驟2的材料及檸檬汁倒至步驟1的碗內，加入干邑橙酒，一邊隔著冰水冷卻，一邊攪拌至黏稠狀。
4. 分二至三次倒入砂糖至蛋白內，以電動攪拌器打至六分發泡。
5. 將蛋白霜加至步驟3的碗內，以橡膠刮刀儘速翻攪，倒入容器中後置於冷藏庫冷卻凝固，最後再裝飾上切成薄片的白桃與薄荷葉。

1人份　類似產品 255 kcal ➡ 低卡食譜 144 kcal

以膨鬆的蛋白霜實現低熱量目標

覆盆子慕思

放入大量覆盆子的鮮粉紅色慕思，
水果與優格的酸甜滋味在口中擴散開來。
以草莓取代覆盆子也十分美味。

材料（直徑10cm的舒芙蕾模6個份）

A	覆盆子（新鮮或冷凍）	150g
A	原味優格	250g
A	砂糖	80g
	吉利T粉	15g
	水	1/2杯
	蛋白	1顆份
	砂糖	30g
	裝飾用覆盆子	1至2顆

作法

1. 在耐熱容器中以一定水量浸泡吉利T粉，使其膨脹後，再以微波爐加熱5至10秒溶解。
2. 以果汁機攪打材料A至滑順後倒至碗中，拌入溶解的吉利T，一邊隔著冰水冷卻，一邊攪拌至呈黏稠狀。
3. 分2至3次倒入砂糖至蛋白中，並以電動攪拌器打至六分發泡後，再倒回步驟2的材料中攪拌均勻。
4. 將麵糊倒入烤模，置於冷藏庫中凝固，並裝飾上切成薄片的覆盆子。

1人份1個　類似產品 241 kcal ➡ 低卡食譜 117 kcal

不添加鮮奶油，口感一樣黏滑！

滑溜溜布丁

當布丁正流行時，
由於想要重現口感而做了一點調查，
發現原來布丁的滑溜感是因為使用了大量鮮奶油。
若想要拋開鮮奶油又要保留滑溜感，
就得藉助軟嫩的布丁麵糊與吉利T粉的力量。

材料（布丁模6個份）

- 蛋——2顆
- 牛奶——2杯
- 砂糖——65g
- 吉利T粉——3g
- 水——1大匙
- 香草精——少許

焦糖醬

- 砂糖——50g
- 水——2大匙
- 熱水——1大匙

▶

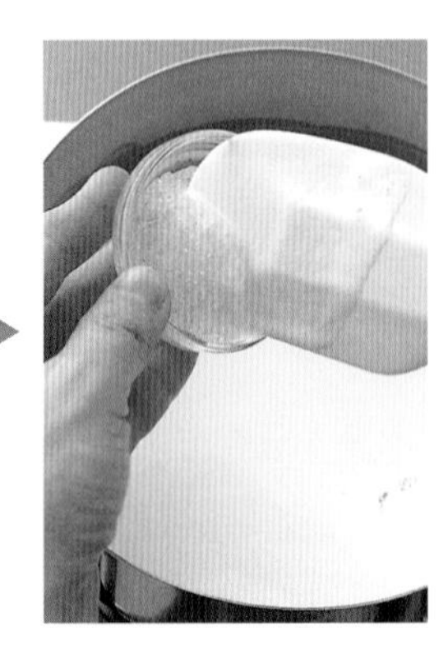

▶

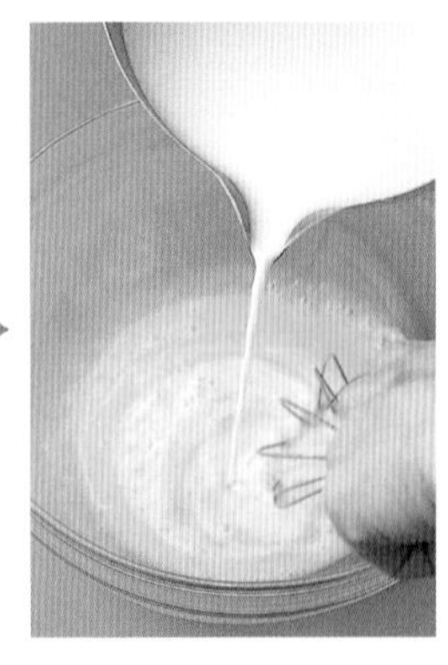

▶

▶

▶

作法

1 製作焦糖醬。將砂糖及水放入小鍋中，煮至呈焦色後熄火。注入熱水，搖動鍋子使顏色均勻後，迅速倒入烤模中。

2 以一定水量浸泡吉利T粉，使其膨脹。倒入牛奶及砂糖至鍋中，以弱火煮至融化後熄火，倒入膨脹的吉利T粉使其溶解。

3 將蛋打進碗內，以打蛋器充分攪拌均勻。

4 當步驟2的材料降溫至可以手拿取的溫度後，慢慢倒進步驟3的碗內。加入香草精，慢慢混合（不需打至發泡）後過篩。

5 將步驟4的材料均等倒入烤模中，若有泡泡需先舀掉。

6 放進溫度調至150℃的烤箱隔熱水烘烤45分鐘，降溫後置於冷藏庫中冷卻。

1人份1個　類似產品 194 kcal ➡ 低卡食譜 142 kcal

不含巧克力的濃郁滋味

生巧克力舒芙蕾

表層是巧克力舒芙蕾，內層卻是生巧克力！
擁有雙重奇妙口感的舒芙蕾，
作法看似費工，
其實製作起來非常簡單，
雖然有點燙口，但卻好吃極了！

材料（直徑13cm的舒芙蕾模1個份）

材料	份量
蛋白	1顆份
砂糖	10g
蛋黃	1顆份
砂糖	30g
麥芽糖漿	1大匙
可可粉	20g
低筋麵粉	6g
牛奶	130mℓ
蘭姆酒	1大匙
香草精	少許

作法

1. 可可粉與低筋麵粉後過篩。另將麥芽糖漿倒入耐熱容器中，以微波爐加熱約10秒使其融化。
2. 蛋白放入碗內，分二至三次倒入砂糖，再以電動攪拌器打成八分發泡的蛋白霜。
3. 將蛋黃及砂糖倒至另一個碗內，以低速電動攪拌器充分混合。依序放入融化的麥芽糖漿與過篩的粉類，同樣以低速攪拌，再慢慢加入牛奶、蘭姆酒和香草精混合。
4. 分次加入蛋白霜混合後，倒入烤模，並放進溫度調至160℃的烤箱烘烤30分鐘。插入牙籤，若無沾黏即完成。自烤箱取出，放涼後置於冷藏庫中冷卻凝固。

1人份1/8個　類似產品 201 kcal ➡ 低卡食譜 119 kcal

促進代謝的葛粉

葛粉麻糬風牛奶布丁

是超商的人氣甜點喔！
應學生的要求，
我以健康為前提研發出低卡作法。
若是少了洋菜粉就無法作出布丁的獨特口感。
洋菜粉是以寒天為主成分的凝結劑。

材料（容量為120ml的烤模6個份）

A	洋菜粉	5g
	砂糖	60g
	牛奶	2杯
	葛粉	22g
	水	1/2杯
	香草精	少許
B	洋菜粉	2g
	黑糖	40g
	水	1/2杯
	黃豆粉	5g

作法

1 在材料A的洋菜粉上撒滿砂糖。

2 在材料B的洋菜粉上撒滿黑糖。

3 將牛奶倒入小鍋中，以中火加熱，慢慢倒入步驟1的材料，並以木匙混合。沸騰後轉至弱火煮至融化，然後倒入以一定水量溶解的葛粉後，加熱。

4 熄火，加入香草精，攪拌後倒入模具中。放涼後置於冷藏庫冷卻。

5 小鍋內注入材料B的水，中火加熱，再慢慢倒入步驟2的材料中。沸騰後轉至弱火，並煮至完全融化熄火。待降溫至可用手拿取後，倒在步驟4材料的上方，放入冷藏庫中冷卻凝固。食用時再撒上黃豆粉即可。

1人份1個　類似產品 159 kcal ➡ 低卡食譜 118 kcal

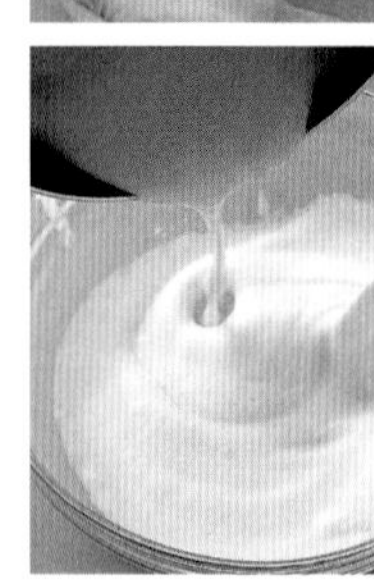

減少蛋的用量且不添加鮮奶油

香草冰淇淋

冰淇淋是使用了很多蛋及鮮奶油製作而成，
熱量相當高。
此作法是減少蛋的用量，
並以牛奶及低筋麵粉取代鮮奶油。
同時藉助蛋白霜的力量，
創造鬆軟口感。

材料（容量為100ml的烤模6個份）

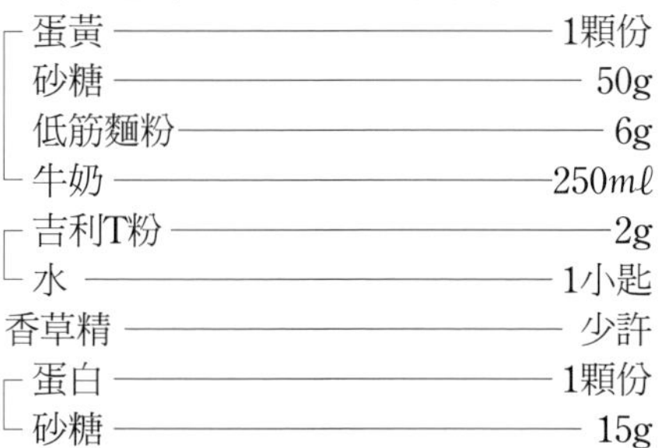

材料	份量
蛋黃	1顆份
砂糖	50g
低筋麵粉	6g
牛奶	250mℓ
吉利T粉	2g
水	1小匙
香草精	少許
蛋白	1顆份
砂糖	15g

作法

1. 以一定水量浸泡吉利T粉，使其膨脹。
2. 將蛋黃、砂糖及低筋麵粉倒入碗內，加入少量牛奶使作法與黑線齊高並以打蛋器混合，再倒入剩餘牛奶後充分攪拌均勻。
3. 將步驟2的材料過篩後倒入鍋中，開火加熱後熄火，倒入膨脹的吉利T粉並以木匙攪拌至融化。接著倒入香草精。
4. 隔著冰水冷卻，並攪拌至濃稠狀。
5. 將蛋白放入碗內，分二至三次倒入砂糖，再以電動攪拌器打成六分發泡的蛋白霜後，分次倒入步驟4混合。
6. 倒入模具中，放進冷凍庫中冷卻凝固。

1人份1個　類似產品 140 kcal ➡ 低卡食譜 86 kcal

甘藷滿滿的健康冰沙

甘藷蘭姆葡萄乾冰沙

甘藷為富含纖維質與維他命C的健康食材，
試著把它加入冰品中，
作出不可思議的新口味，
最後再加上蘭姆酒漬葡萄乾，
提升口感層次。

材料（8人份）

材料	份量
甘藷	150g
蛋黃	1顆份
砂糖	60g
低筋麵粉	4g
牛奶	250mℓ
吉利T粉	2g
水	1小匙
杏仁粉	少許
香草精	少許
蛋白	1顆份
砂糖	15g
葡萄乾	10g
蘭姆酒	2小匙
蘭姆酒	1大匙

作法

1. 以一定水量浸泡吉利T粉，使其膨脹。另一以蘭姆酒浸泡葡萄乾。削去甘藷皮後進行水煮，以網篩瀝水，取70g作為備用。
2. 將蛋黃、砂糖及低筋麵粉放入碗內，加入少量牛奶，以打蛋器充分攪拌均勻後，再倒入剩餘牛奶混合。
3. 將步驟2的材料過篩至鍋內，開火加熱後熄火，倒入膨脹的吉利T粉加以融化。加入過網篩的甘藷泥，以木匙混合後加入杏仁粉及香草精。
4. 隔著冰水冷卻，並攪拌至濃稠狀。
5. 將蛋白放入碗內，分二至三次倒入砂糖，再以電動攪拌器打成六分發泡的蛋白霜。慢慢加入步驟4的材料混合，撒上浸泡過蘭姆酒的葡萄乾後倒入模具中，放進冷凍庫中冷卻凝固。

1人份　類似產品 151 kcal ➡ 低卡食譜 88 kcal

人氣第一的健康甜點！

芒果凍優格

將盛產的美味水果
切成一口大小後冷凍，
就能夠隨時輕鬆享用
口味多變的凍優格。
這可是我家最受歡迎的餐後甜點呢！

材料（4人份）

芒果 —— 150g（淨重）
原味優格 —— 200g
蛋白 —— 1顆份
蜂蜜 —— 2大匙
干邑橙酒 —— 1大匙

作法

1. 將芒果切成一口大小後冷凍。
2. 將原味優格放置於冷藏庫一晚脫水，取100g備用（參閱P.74）。
3. 將蛋白放入碗中，以打蛋器打至六分發泡後加入蜂蜜，再繼續打至八分發泡。
4. 以食物調理機或果汁機攪打混合冷凍芒果、脫水優格及干邑橙酒至滑順。
5. 倒入步驟4的材料至步驟3的蛋白霜內混合，再倒入容器中待其冷卻凝固。

1人份　類似產品 120 kcal ➡ 低卡食譜 91 kcal

基本程序

蛋白打發

打發蛋白來製作蛋白霜。請注意，打發的狀態會因甜點種類而不同。

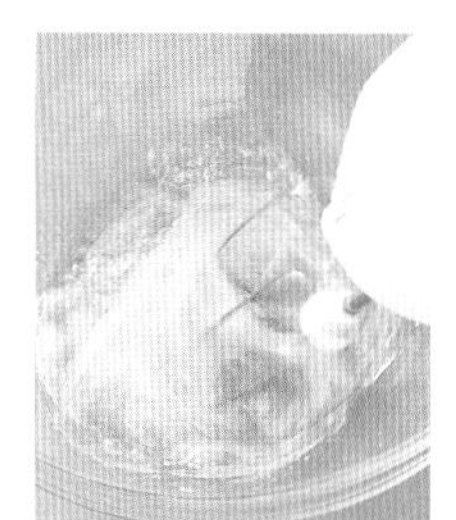

1

蛋白倒入碗內，以電動攪拌器攪拌打發。

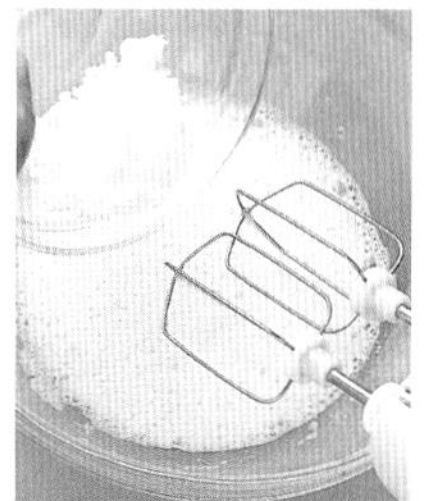

2

中途分二至三次倒入砂糖混合。

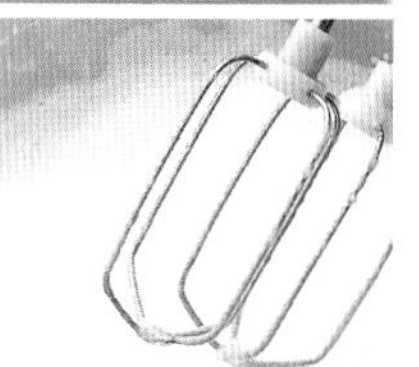

3

可稍微拉起尖角時，為六分發泡。適合製作慕斯等甜點。

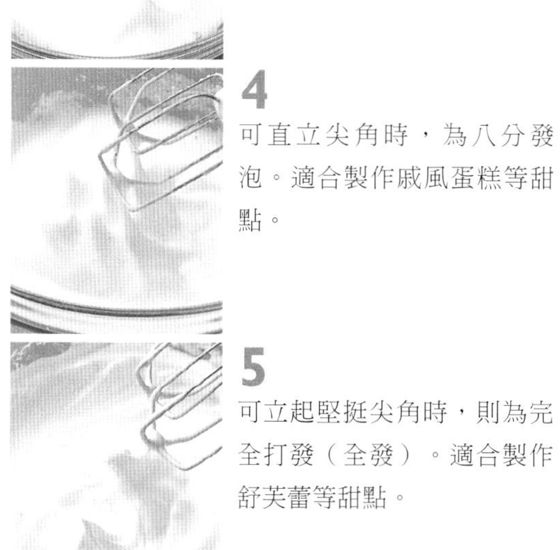

4

可直立尖角時，為八分發泡。適合製作戚風蛋糕等甜點。

5

可立起堅挺尖角時，則為完全打發（全發）。適合製作舒芙蕾等甜點。

全蛋打發

由於完全不添加奶油的關係，因此在製作瑪芬與奶油蛋糕時，全蛋打發為非常重要的製作要點。為了不讓泡沫消失，需快速攪拌。

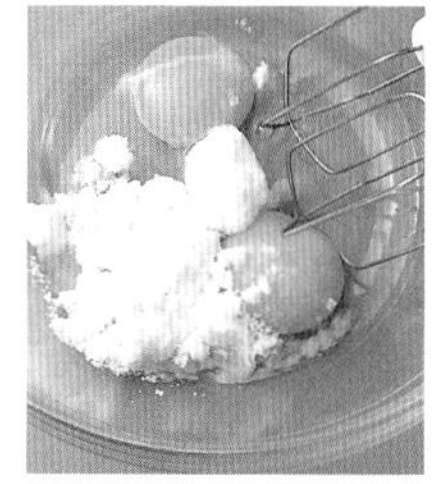

1

倒入蛋及砂糖至碗內，以電動攪拌器打發。

2

彷彿要將空氣一起打入般，打至鬆軟。

3

攪拌至整體呈黏性，且可立起尖角為止。

4

以橡膠刮刀等工具混合攪拌牛奶等液體。

5

若要拌入香蕉等食材，可於此時加入。

6

最後倒入過篩的粉類一同翻攪均勻。

優格脫水

脫水後的優格經常被用來取代奶油、鮮奶油及奶油乳酪。

脫水的程度依甜點的製作需求不同，可分成兩個階段。

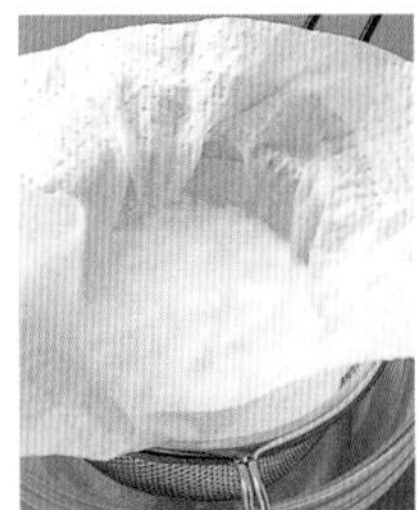

1

在網篩鋪上廚房紙巾，倒入原味優格。將篩網卡在鐵碗上，置於冷藏庫一晚脫水。

2

脫水後會很像新鮮的乳酪，並只剩下一半重量。若仍帶有水氣，再次以廚房用紙巾包住吸水即可。適合用來製作乳酪蛋糕等甜點。

3

脫水一晚的優格以廚房用紙巾包住，上方輕壓重物，並放置1至2小時。

4

照片為以手擰碎的狀態。重量約只有原來的1/3重。可取代奶油來製作派皮等。

奶油卡士達醬

減少蛋黃用量，且不添加奶油，作出清爽口感。

1

將蛋黃、砂糖及低筋麵粉放入碗內，視混合程度酌量加入牛奶並加以攪拌。

2

以打蛋器充分攪勻後，倒入剩餘牛奶，並加以混合。

3

一但成為圖中狀態，就過網篩入鍋內，以中火加熱。

4

一邊煮一邊以橡膠刮刀攪拌，沸騰後熄火，並加入香草精攪拌。

5

倒入容器內，覆蓋保鮮膜，防止表面形成薄膜。

焦糖醬

轉動鍋子使其混合為製作重點。以不沾鍋熬煮較為方便。

1

將砂糖及水倒至鍋中，輕輕混合後以中火加熱。

2

變焦後開始晃動鍋子，使顏色均勻。

3
煮至深咖啡色後，熄火倒入熱水。

4
轉動鍋子，均勻混合。

烤箱的處理

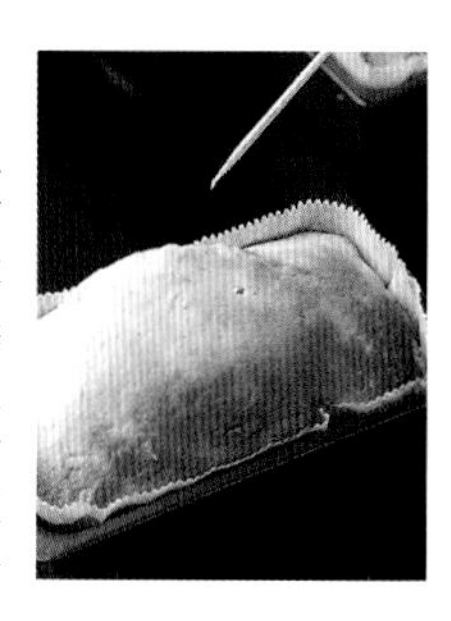

將烤箱設定好所需溫度後啟動開關，待箱內完全變熱後再使用（稱為預熱）。烘烤時間因烤箱而異，所以一定要用竹籤刺入麵糊以確定烤好與否。如果還有麵糊沾黏，則需多烤五分鐘。若未沾附麵糊，即表示烤好，可取出放至網架冷卻。未使用奶油及油的甜點，會愈烤愈硬。一旦烤上色後，即使時間未到，還是需用竹籤確認，以免烤過頭。

戚風蛋糕的脫模方式

完全冷卻後，接著需小心的脫模。我習慣以刀子一邊沿著烤模刮開一邊確認蛋糕體的狀況，使其順利取下。

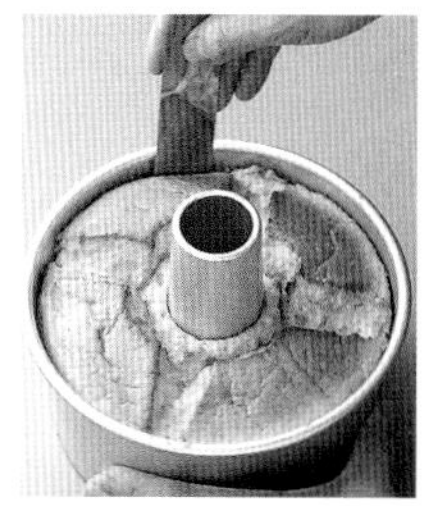

1
以抹刀延著模具伸至底部，上下抽動著劃圈。

2
拿起中間的筒子，使其脫離烤模。

3
在內側筒子的邊緣以較細的刀子劃上一圈。

4
手握筒子，並放入刀子至蛋糕底部。

5
倒扣脫模完成。

擠花袋的摺法

裝飾蛋糕細部時使用。

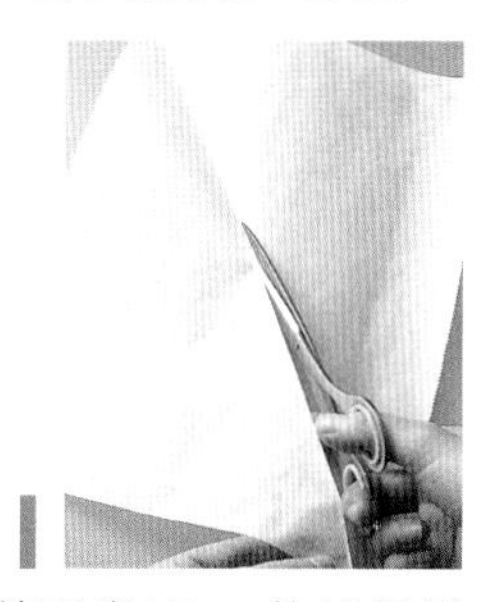

1
剪下寬15cm的烤盤紙後，沿對角線剪開。

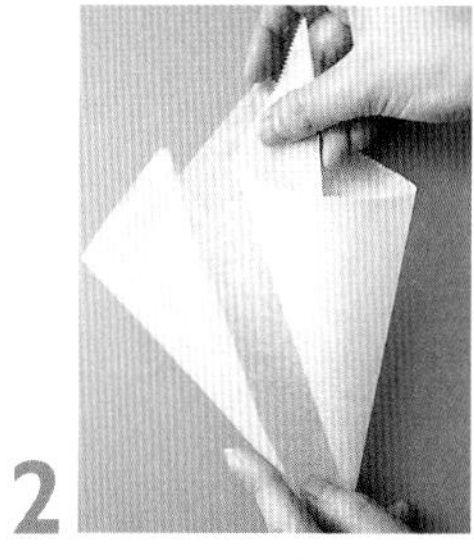

2
以對角線中間為基準，捲成圓錐狀。

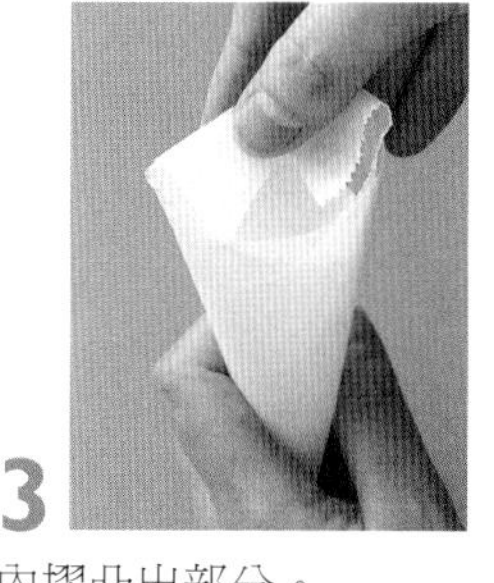

3
內摺凸出部分。

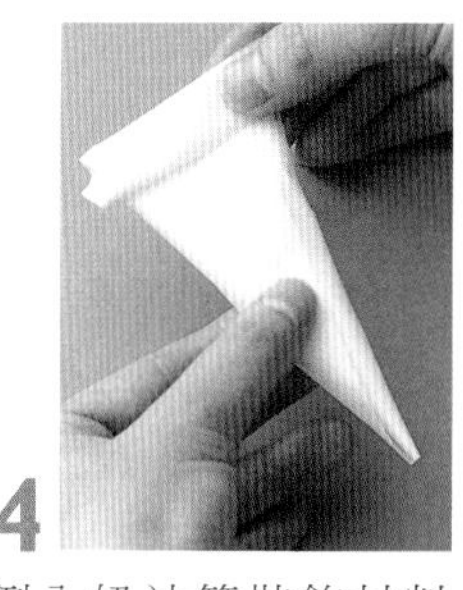

4
倒入奶油等裝飾材料後，摺疊開口，並於尖端剪個小洞。

嚴選素材

甜點的主要材料包括蛋、牛奶、砂糖及麵粉四種。挑選這些材料時一定要為建康把關。自己製作的好處就在於可以自由選材，當然要嚴格挑選不會對肝臟造成負擔，且容易燃燒脂肪的食物了。

蛋

蛋的品質與雞隻的飼養環境及飼料息息相關。請選擇不施打抗生素與荷爾蒙，並且是以玉蜀黍及大豆等植物為飼料的雞隻所生下的蛋。不必特別拘泥於蛋殼與蛋黃的顏色，前者與雞隻品種有關，後者則與飼料內容有關。另一個挑選重點為蛋的新鮮度。在不使用任何油脂的情況之下，若能充分打發蛋，還是可以作出鬆軟好吃的蛋糕，但由於蛋愈新鮮愈容易打發，所以請選擇新鮮的蛋製作。由於蛋的膽固醇含量高，所以一種蛋糕最好使用四顆以下的蛋，一人可攝取的蛋宜控制在半顆左右。

牛奶

與蛋相同，牛的飼育環境與飼料亦攸關健康，建議選擇不使用藥物飼養及以遠離農藥潑灑地區的牧草為飼料的牛隻所產下的牛奶。最近在超市內也可購買到經過有機認證的牛奶，多麼方便啊！至於低脂牛奶，由於是加工品的關係，請盡量避免使用。順道一提，未調整成分的鮮奶，含脂量為3.8%。

麵粉

建議選擇日本北海道及福島縣等地生產，且不用農藥及除草劑的日產麵粉。為何建議使用日產品呢？因為麵粉從國外輸入日本前，會添加採收後藥物，預防輸送途中長蟲，如此一來麵粉的品質會大打折扣，因此不建議購買。可在有機食品店內買到日產麵粉。

砂糖

本書中所標示的砂糖為上白糖。許多人認為白砂糖有礙健康，其實是錯誤的觀念。白砂糖的白為砂糖本身的顏色，並非經過漂白。我非常喜歡上白糖的百分百純度。提到蛋糕很容易讓人連想到黃砂糖，其實可用日常生活中常使用的上白糖替代，好吃又實惠。

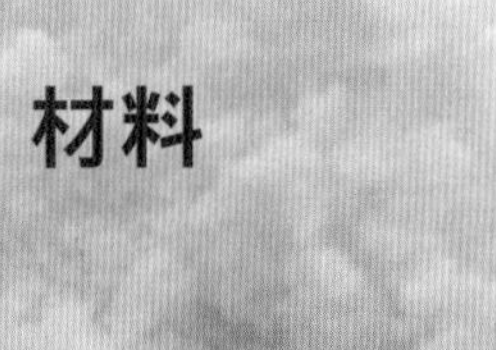

奶油・油的替代品

我在製作蛋糕時常以下列數種食材代替奶油與油。請你也挑選品質優良的商品作為常備材料。

蜂蜜

蜂蜜除了可以作出口感滋潤的蛋糕之外，還能賦予蛋糕獨特風味。建議選擇日產且經過謹慎培育的蜜蜂所釀造的蜂蜜。人造蜂蜜或靠藥物讓蜜蜂維持健康所製造的劣質品需盡量避免選用。

糖漿

可增加蛋糕滋潤口感，還可用它製造厚實感，也能混合可可粉營造出如巧克力般的絲滑感。透明糖漿的原料為玉蜀黍，具天然甜味。我也推薦帶點茶色、以糯米製成的麥芽糖漿。

煉乳

想要作出牛奶及奶油風味時，我會使用煉乳。濃度為牛奶的2至3倍，且含有砂糖，脂肪含量約8.3%，奶油的脂肪含量則高達83%。雖然不易找到高品質煉乳，但有些牧場有時會販售。我使用的是可郵購的靜岡朝霧高原的富士milkland（洽詢電話0544-54-3690）。

優格

我常以原味優格脫水取代奶油乳酪或奶油。優格的熱量及脂肪含量約等同牛奶。奶油乳酪的脂肪量則高達33%，熱量也很高。若希望散發乳酪香味，可摻入少量的帕瑪森起士。挑選方式與牛奶相同，選擇重點在於牛隻的飼養環境及飼料安全。

可可粉

混合可可粉、麥芽糖漿與煉乳來取代巧克力也是我常用的作法。可可是抽離巧克力中可可脂後的產物。巧克力內含的脂肪與熱量都很高，但反觀可可，熱量不但低於麵粉，且能帶出巧克力風味。我所使用的是經過有機認證的可可粉。

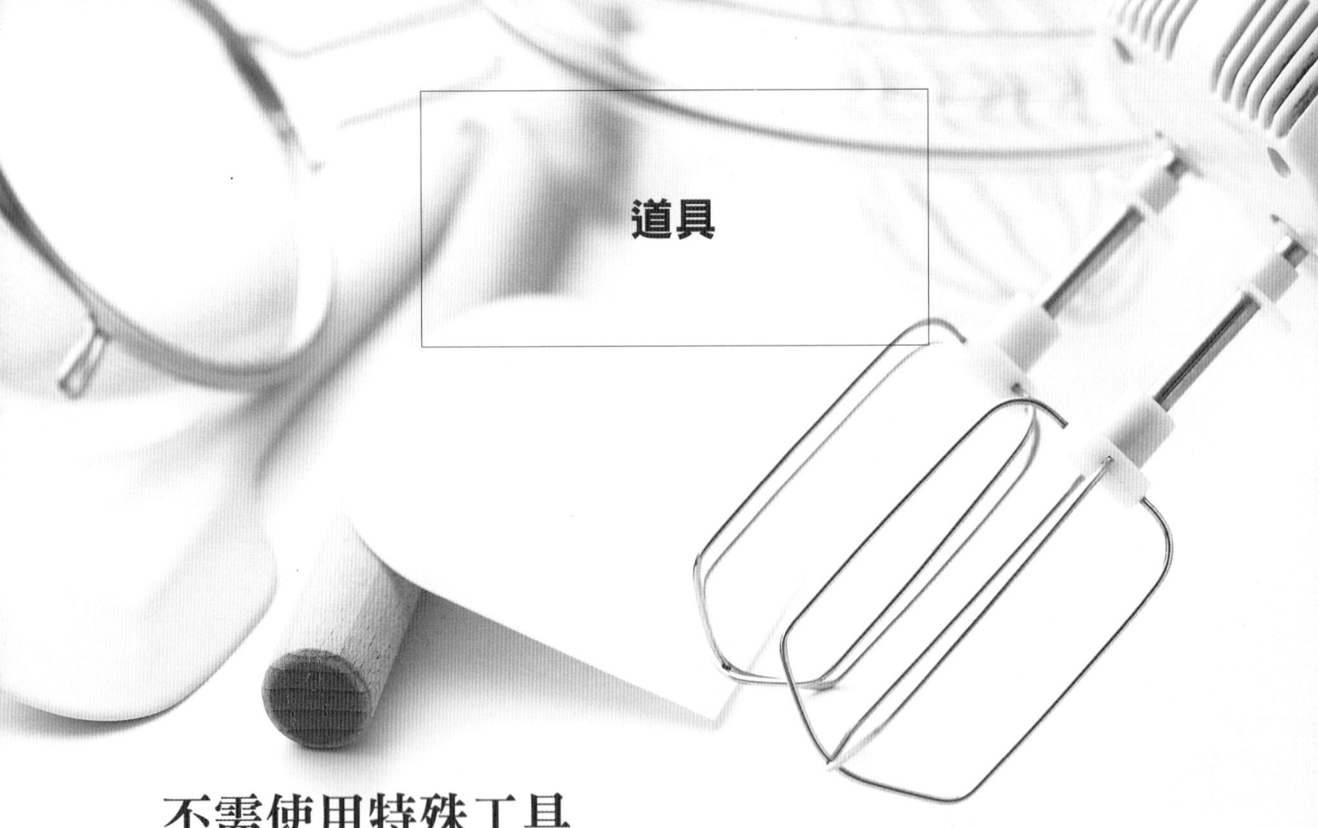

不需使用特殊工具

對我來說，作蛋糕就和作飯一樣，與其說是興趣，不如說是一項日常工作。為了讓讀者們也能輕鬆上手，我儘量不使用特殊工具。

碗

選用以電動攪拌器攪打也不會產生傷痕的耐熱玻璃或不鏽鋼材質。使用深度較深的碗，食材不易於攪拌時飛出碗外，也方便使用。建議準備兩個大碗進行攪拌，便於製作戚風蛋糕等甜點。

電動攪拌器・打蛋器

不添加油脂的甜點，打發作業變得十分重要。可高速打發的電動攪拌器為必備品。建議挑選回轉處大且回轉數多的產品。由於回轉數並未標明，所以只能實際試打看看。雖然失敗了好幾次，但經過多次試用後我偏好價格不高且耐用的國際牌。若為打蛋器只要使用一般市售的即可。

橡膠刮刀

建議選購耐熱且一體成型的刮刀。製作卡士達醬時需在鍋中加熱攪拌，若刮刀耐熱性差，可能會在製作過程中融化。一體成型刮刀的好處是不易藏污納垢。但難免還是會沾附味道及顏色，建議分成烹飪用刮刀與甜點用刮刀使用。

粉篩

我現在用的是網孔不會太細小的單柄網篩。曾經試過用網孔細小及雙層篩網來進行過篩，結果耗時又耗工，打亂了後續作業。對製作蛋糕來說，及時性與簡易度也是十分重要的。基於這個觀點，我選擇了現在的過篩器具。我也以它來瀝乾水分或作為一般濾網使用。

刮片

刮片有著各式各樣的用途。如抹平海綿蛋糕的麵糊、切割麵糰，或刮淨碗內的奶油等。就連最後的打掃工作也能派上用場。清除黏附在工作檯上的麵糊或麵糰原本是件費力的事，但若先沾水軟化，再以刮片輕輕刮除後，以抹布擦拭乾淨，就能不損傷檯面又能清理乾淨。由於不使用油脂，所以也不需要使用清潔劑。

擀麵棍

用於擀平餅乾、派及塔類甜點的麵糰。木製擀麵棍即可，30cm長的擀麵棍使用起來最方便。

不需塗抹油脂的烤模

製作烘烤類甜點時，會在烤模及烤盤上塗抹奶油或沙拉油，但由於堅持完全不添加油的關係，所以會常常使用以下的器具。

蛋糕模底紙

使用瑪芬模、圓模或方模等幾款固定烤模時，習慣於模內墊上底紙後，再倒入麵糊進行烘烤，既方便脫模又能保持蛋糕完整。底紙材質為玻璃紙，由於麵包會黏附在烤膜上，所以僅限於烘烤蛋糕時使用。

烤盤紙

若手邊沒有合乎四角型或心型等尺寸的杯模時，可配合烤模的形狀裁剪烤盤紙使用。當然也可以鋪在烤盤上。有些烤盤紙有正反面之分，購買時需事先確認。

●烤盤紙的鋪法

1 配合烤模的大小摺疊後裁剪。

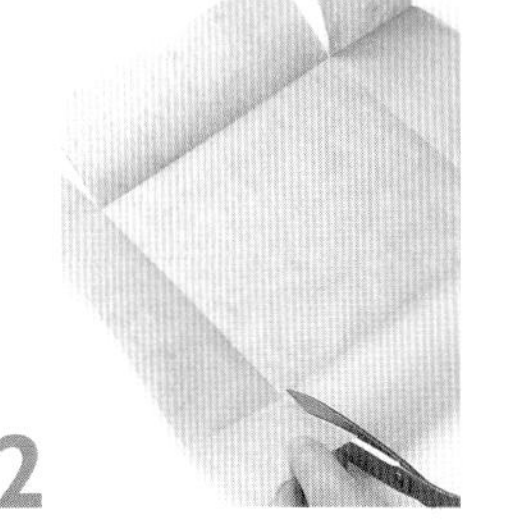

2 剪開四個角。

3 疊合四角後，放入烤模。

・若為圓模，則分別裁剪圓底與周邊後再鋪入。

烘焙調理紙

若是經常使用烤箱，以可重覆使用的烘焙調理紙替換烤盤紙使用，較節省開銷。調理紙只需洗淨晾乾即可，十分方便。

烘焙紙模或鋁箔模

針對烘烤類的糕點，可放入烤箱的拋棄式烘焙紙模或鋁箔模較為方便。有各式各樣造型，如瑪芬模、磅蛋糕模、戚風蛋糕模及心形模等。小試身手時使用烘焙紙模或鋁箔模是一個不錯的選擇。

鐵氟龍烤模

塔模因為無法配合造型鋪上底紙，所以可使用鐵氟龍模，讓蛋糕較不易沾黏烤模。多撒一點手粉後再倒入麵糊，就可以烤出漂亮的形狀。但戚風蛋糕宜用鋁模而非鐵氟龍模。因為戚風蛋糕會在烤模中膨脹，鐵氟龍模會讓蛋糕無法澎脹，使其變形。加上若以用抹刀沿著烤模劃開協助脫模時，有可能會使鐵氟龍層受損。另外，使用鐵氟龍材質的不沾鍋，不必抹油也能使用，相當方便。

烘焙良品 02

好吃不發胖低卡甜點（暢銷新裝版）

作　　者／茨木くみ子 IBARAKI KUMIKO
譯　　者／瞿中蓮
發 行 人／詹慶和
總 編 輯／蔡麗玲
執行編輯／李佳穎
編　　輯／蔡毓玲・劉蕙寧・黃璟安・陳姿伶・李宛真
封面設計／周盈汝
美術編輯／陳麗娜・韓欣恬
內頁排版／造　極
出 版 者／良品文化館
發 行 者／雅書堂文化事業有限公司
郵撥帳號／18225950 戶名：雅書堂文化事業有限公司
地　　址／新北市板橋區板新路206號3樓
電　　話／(02)8952-4078
傳　　真／(02)8952-4084
網　　址／www.elegantbooks.com.tw
電子郵件／elegant.books@msa.hinet.net

卡路里計算／川上友理・渡部江津子
料理製作協助／原野素子・春井敦子
攝影／青山紀子
造型／井上照美
裝訂・排版／鷲巣 隆、鷲巣設計事務所

總　經　銷／朝日文化事業有限公司
進退貨地址／235新北市中和區橋安街15巷1號7樓
電　　話／Tel：02-2249-7714
傳　　真／Fax：02-2249-8715

2017年3月二版一刷　定價 280元

Profile 作者簡介

茨木くみ子 IBARAKI KUMIKO

健康料理研究專家。聖路加看護大學畢業後，以保健師身分從事健康管理業務。在工作經驗中，深切體悟生活習慣病等現代文明病幾乎都與飲食有密切的關係，於是開始學習更深入的食物相關知識。建立茨木COOKING STUDIO，並成立麵包、點心、料理教室。同時透過雜誌、電視、演講等大眾媒體，致力推廣對身體有益且美味的飲食生活。著作有《ふとらないパン》、《炭水化物ダイエット》、《ふとらないお菓子part2》、《ふとらないパンpart2》（皆由文化出版局出版）等。

作者網站
http://www.ibaraki-kumiko.com/

國家圖書館出版品預行編目(CIP)資料

好吃不發胖低卡甜點（暢銷新裝版）/ 茨木くみ子著；瞿中蓮譯. -- 二版. -- 新北市：良品文化館出版：雅書堂文化發行, 2017.03
面；　公分. -- (烘焙良品；2)
ISBN 978-986-5724-93-1(平裝)
1.點心食譜
427.16　　106001213

良品文化

烘焙良品 57
法式浪漫古典糖霜餅乾
作者：桔梗 有香子
定價：350元
19×26 cm · 104頁 · 彩色

烘焙良品 20
自然味の手作甜食
50道天然食材&愛不釋手
的 Natural Sweets
作者：青山有紀
定價：280元
19×26公分 · 96頁 · 全彩

烘焙良品21
好好吃の格子鬆餅
作者：Yukari Nomura
定價：280元
21×26cm · 96頁 · 彩色

烘焙良品22
好想吃一口的
幸福果物甜點
作者：福田淳子
定價：350元
19×26cm · 112頁 · 彩色+單色

烘焙良品23
瘋狂愛上！有幸福味の
百變司康&比司吉
作者：藤田千秋
定價：280元
19×26 cm · 96頁 · 全彩

烘焙良品 25
Always yummy！
來學當令食材作的人氣甜點
作者：磯谷 仁美
定價：280元
19×26 cm · 104頁 · 全彩

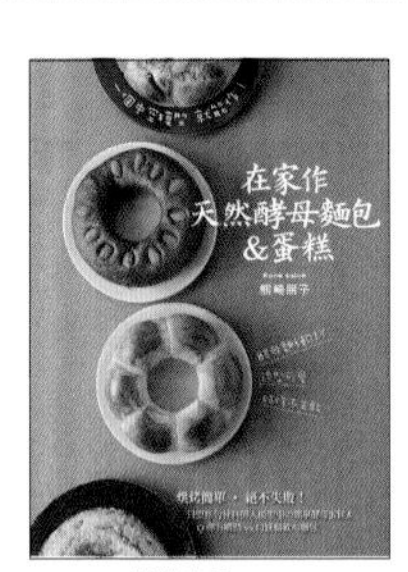

烘焙良品 26
一個中空模型就能作！
在家作天然酵母麵包&蛋糕
作者：熊崎 朋子
定價：280元
19×26cm · 96頁 · 彩色

烘焙良品 27
用好油，在家自己作點心：
天天吃無負擔・簡單做又好吃の
作者：オズボーン未奈子
定價：320元
19×26cm · 96頁 · 彩色

烘焙良品 28
愛上麵包機：按一按，超好
作の45款土司美味出爐！
使用生種酵母&速發酵母配方都OK！
作者：桑原奈津子
定價：280元
19×26cm · 96頁 · 彩色

烘焙良品 29
Q軟喔！自己輕鬆「養」玄米
酵母 作好吃の30款麵包
養酵母3步驟，新手零失敗！
作者：小西香奈
定價：280元
19×26cm · 96頁 · 彩色

烘焙良品 30
從養水果酵母開始，
一次學會究極版老麵×法式
甜點麵包30款
作者：太田幸子
定價：280元
19×26cm·88頁·彩色

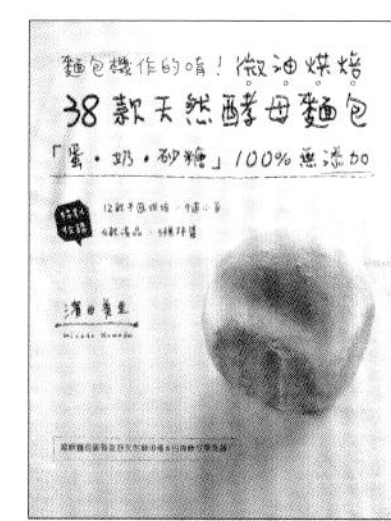

烘焙良品 31
麵包機作的唷！
微油烘焙38款天然酵母麵包
作者：濱田美里
定價：280元
19×26cm·96頁·彩色

烘焙良品 32
在家輕鬆作，
好食味養生甜點&蛋糕
作者：上原まり子
定價：280元
19×26cm·80頁·彩色

烘焙良品 33
和風新食感·
超人氣白色馬卡龍：
40種和菓子內餡的精緻甜點筆記！
作者：向谷地馨
定價：280元
17×24cm·80頁·彩色

烘焙良品 34
48道麵包機食譜特集！
好吃不發胖の低卡麵包PART.3
作者：茨木くみ子
定價：280元
19×26cm·80頁·彩色

烘焙良品 35
最詳細の烘焙筆記書I
從零開始學餅乾&奶油麵包
作者：稲田多佳子
定價：350元
19×26cm·136頁·彩色

烘焙良品 36
彩繪糖霜手工餅乾
內附156種手繪圖例
作者：星野彰子
定價：280元
17×24cm·96頁·彩色

烘焙良品37
東京人氣名店
VIRONの私房食譜大公開
自家烘焙5星級法國麵包！
作者：牛尾 則明
定價：320元
19×26cm·96頁·彩色

烘焙良品38
最詳細の烘焙筆記書II
從零開始學起司蛋糕&瑞士卷
作者：稲田多佳子
定價：350元
19×26cm·136頁·彩色

烘焙良品39
最詳細の烘焙筆記書III
從零開始學戚風蛋糕&巧克力蛋糕
作者：稲田多佳子
定價：350元
19×26cm·136頁·彩色

烘焙良品40
美式甜心So Sweet！
手作可愛の紐約風杯子蛋糕
作者：Kazumi Lisa Iseki
定價：380元
19×26cm·136頁·彩色

烘焙良品41
法式原味&經典配方：
在家輕鬆作美味的塔
作者：相原一吉
定價：280元
19×26公分·96頁·彩色

烘焙良品42
法式經典甜點，
貴氣金磚蛋糕：費南雪
作者：菅又亮輔
定價：280元
19×26公分·96頁·彩色

烘焙良品43
麵包機OK！初學者也能作
黃金比例の天然酵母麵包
作者：濱田美里
定價：280元
19×26公分·104頁·彩色

烘焙良品 44
食尚名廚の超人氣法式土司
全錄！日本 30 家法國吐司名店
授權：辰巳出版株式会社
定價：320元
19×26 cm·104頁·全彩

烘焙良品 45
磅蛋糕聖經
作者：福田淳子
定價：280元
19×26公分·88頁·彩色

烘焙良品 46
享瘦甜食！
砂糖OFFの豆渣馬芬蛋糕
作者：粟辻早重
定價：280元
21×20公分·72頁·彩色

烘焙良品 47
一人喫剛剛好！零失敗の
42款迷你戚風蛋糕
作者：鈴木理恵子
定價：320元
19×26公分·136頁·彩色

烘焙良品 48
省時不失敗の聰明烘焙法
冷凍麵團作點心
作者：西山朗子
定價：280元
19×26公分·96頁·彩色

烘焙良品 49
棍子麵包·歐式麵包·山形吐司
揉麵&漂亮成型烘焙書
作者：山下珠緒·倉八冴子
定價：320元
19×26公分·120頁·彩色